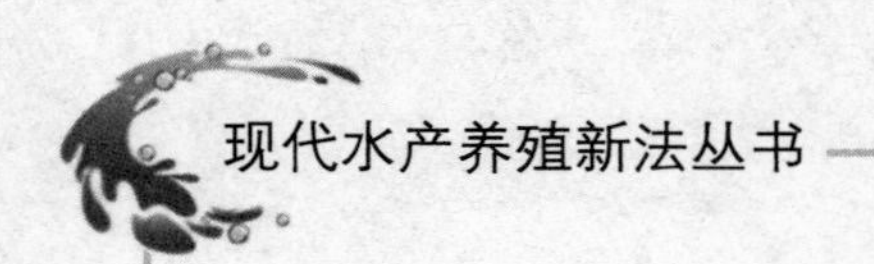

河蟹高效养殖模式攻略

周　刚　主编

XIANDAI SHUICHAN YANGZHI XINFA CONGSHU

中国农业出版社

图书在版编目（CIP）数据

河蟹高效养殖模式攻略/周刚主编．—北京：中国农业出版社，2015.5（2015.11 重印）
（现代水产养殖新法丛书）
ISBN 978-7-109-19884-5

Ⅰ.①河…　Ⅱ.①周…　Ⅲ.①中华绒螯蟹—淡水养殖　Ⅳ.①S966.16

中国版本图书馆 CIP 数据核字（2014）第 283756 号

中国农业出版社出版
（北京市朝阳区麦子店街 18 号楼）
（邮政编码 100125）
责任编辑　林珠英　黄向阳

北京中科印刷有限公司印刷　　新华书店北京发行所发行
2015 年 5 月第 1 版　　2015 年 11 月北京第 2 次印刷

开本：720mm×960mm 1/16　　印张：13.5
字数：235 千字
定价：35.00 元

《现代水产养殖新法丛书》编审委员会

本书编写人员

主　编　周　刚（江苏省淡水水产研究所）

副主编　周　军（江苏省淡水水产研究所）

编著者（按姓名汉语拼音排序）

陈俊杰（东南大学）

陈如国（兴化市水产局）

黄金田（盐城工学院）

陆全平（江苏省淡水水产研究所）

李旭光（江苏省淡水水产研究所）

马旭洲（上海海洋大学）

宋长太（盐城市盐都区水产技术推广站）

王桂民（金坛市水产技术指导站）

朱茂晓（江苏省太湖渔业管理委员会）

序

经过改革开放 30 多年的发展，我国水产养殖业取得了巨大的成就。2013 年，全国水产品总产量6 172.00万吨，其中，养殖产量4 541.68万吨，占总产量的 73.58%，水产品总产量和养殖产量连续 25 年位居世界首位。2013 年，全国渔业产值10 104.88亿元，渔业在大农业产值中的份额接近 10%，其中，水产养殖总产值7 270.04亿元，占渔业总产值的 71.95%，水产养殖业为主的渔业在农业和农村经济的地位日益突出。我国水产品人均占有量 45.35 千克，水产蛋白消费占我国动物蛋白消费的 1/3，水产养殖已成为我国重要的优质蛋白来源。这一系列成就的取得，与我国水产养殖业发展水平得到显著提高是分不开的。一是养殖空间不断拓展，从传统的池塘养殖、滩涂养殖、近岸养殖，向盐碱水域、工业化养殖和离岸养殖发展，多种养殖方式同步推行；二是养殖设施与装备水平不断提高，工厂化和网箱养殖业持续发展，机械化、信息化和智能化程度明显提高；三是养殖品种结构不断优化，健康生态养殖逐步推进，改变了以鱼类和贝、藻类为主的局面，形成虾、蟹、鳖、海珍品等多样化发展格局，同时，大力推进健康养殖，加强水产品质量安全管理，养殖产品的质量水平明显提高；四是产业化水平不断提高，养殖业的社会化和组织化程度明显增强，已形成集良种培养、苗种繁育、饲料生产、机械配套、标准化养殖、产品加工与运销等一体的产业群，龙头企业不断壮大，多种经济合作组织不断发育和成长；五是建设优势水产品区域布局。由品种结构调整向发展特色产业转变，推动优势产业集群，形成因地制宜、各具特色、优势突出、结构合理的水产养殖发展布局。

当前，我国正处在由传统水产养殖业向现代水产养殖业转变的重要发展机遇期。一是发展现代水产养殖业的条件更加有利。党的十八大以来，全党全社会更加关心和支撑农业和农村发展，不断深化农村改革，完善强农惠农富农政策，“三农”政策环境预期向好。国家加快推进中国特色现代农业建设，必将给现代水产养殖业发展从财力和政策上提供更为有力的支持。二是发展现代水产养殖业的要求更加迫切。“十三五”时期，随着我国全面建设小康社会目标的逐步实现，人民生活水平将从温饱型向小康型转变，食品消费结构将更加优化，对动物蛋白需求逐步增大，对水产品需求将不断增加。但在工业化、城镇化快速推进时期，渔业资源的硬约束将明显加大。因此，迫切需要发展现代水产养殖业来提高生产效率、提升发展质量，“水陆并进”构建我国粮食安全体系。三是发展现代水产养殖业的基础更加坚实。通过改革开放30多年的建设，我国渔业综合生产能力不断增强，良种扩繁体系、技术推广体系、病害防控体系和质量监测体系进一步健全，水产养殖技术总体已经达到世界先进水平，成为世界第一渔业大国和水产品贸易大国。良好的产业积累为加快现代水产养殖业发展提供了更高的起点。四是发展现代水产养殖业的新机遇逐步显现，“四化”同步推进战略的引领推动作用将更加明显。工业化快速发展，信息化水平不断提高，为改造传统水产养殖业提供了现代生产要素和管理手段。城镇化加速推进，农村劳动力大量转移，为水产养殖业实现规模化生产、产业化经营创造了有利时机。生物、信息、新材料、新能源、新装备制造等高新技术广泛应用于渔业领域，将为发展现代水产养殖业提供有力的科技支撑。绿色经济、低碳经济、蓝色农业、休闲农业等新的发展理念将为水产养殖业转型升级、功能拓展提供了更为广阔的空间。

但是，目前我国水产养殖业发展仍面临着各种挑战。一是资源短缺问题。随着工业发展和城市的扩张，很多地方的可养或已养水面被不断蚕食和占用，内陆和浅海滩涂的可养殖水面不断减少，陆基池塘和近岸网箱等主要养殖模式需求的土地（水域）资源日趋紧张，占淡水养殖产量约1/4的水库、湖泊养殖，因水源保护和质量安全等原因逐步退出，传统渔业水域养殖空间受到工业与种植业的双重挤压，土地（水域）资源短缺的困境日益加大，北方地区存在水资源短缺问题，南方一些地区还存在水质型缺水问题，使水产养殖规模稳定与发展受到限制。另一方面，水产饲料原料国内供应缺口越来越大。主要饲料蛋白源鱼粉和豆粕70%以上依靠进口，50%以上的氨基酸依靠进口，造成饲料价格节节攀升，成为水产养殖业发展的重要制约因素。二是环境与资源保护问题。水产养殖业发展与资源、环境的矛盾进一步加剧。一方面周边的陆源污染、船舶污染等对养殖水域的污染越来越重，水产养殖成为环境污染的直接受害者。另一方面，养殖自身污染问题在一些地区也比较严重，养殖系统需要大量换水，养殖过程投入的营养物质，大部分的氮磷或以废水和底泥的形式排入自然界，养殖水体利用率低，氮磷排放难以控制。由于环境污染、工程建设及过度捕捞等因素的影响，水生生物资源遭到严重破坏，水生生物赖以栖息的生态环境受到污染，养殖发展空间受限，可利用水域资源日益减少，限制了养殖规模扩大。水产养殖对环境造成的污染日益受到全社会的关注，将成为水产养殖业发展的重要限制因素。三是病害和质量安全问题。长期采用大量消耗资源和关注环境不足的粗放型增长方式，给养殖业的持续健康发展带来了严峻挑战，病害问题成为制约养殖业可持续发展的主要瓶颈。发生病害后，不合理和不规范用药又导致养殖产品药物残留，影响到水产品的质量安全消费和出口贸易，反过来又制约了养殖业的持续发展。随着高密度集约化养殖的兴起，养殖生产追求产量，难以顾及养殖产品的品质，对外源环境污染又难以控制，存在质量安全隐患，制约养殖的进一步发展，挫伤了消费者对养殖产品的消费信心。四是科技支撑问题。水产养殖基础研究滞后，水产养殖生态、生理、品质的理论基础薄弱，人工选育的良种少，专用饲料和渔用药物研发滞后，水产品加工和综合利用等技术尚不成熟和配套，直接影响了水产养殖业的快速发展。水产养殖的设施化和装备程度还处于较低的水平，生产过程依赖经验和劳力，对于质量和效益关键环节的把握度很低，离精准农业及现代农业工业化发展的要求有相当的距离。五是投入与基础设施问题。由于财政支持力度较小，长期以来缺乏投入，养殖业面临基础设施老化失修，养殖系统生态调控、良种繁育、疫病防控、饲料营养、技术推广服务等体系不配套、不完善，影响到水产养殖综合生产能力的增强和养殖效益的提高，也影响到渔民收入的增加和产品竞争力的提升。六是生产方式问题。我国的水产养殖产业，大部分仍采取“一家一户”的传统生产经营方式，存在着过多依赖资源的短期行为。一些规模化、生态化、工程化、机械化的措施和先进的养殖技术得不到快速应用。同时，由于养殖从业人员的素质普遍较低，也影响了先进技术的推广应用，养殖生产基本上还是依靠经验进行。由于养殖户对新技术的接受度差，也侧面地影响了水产养殖科研的积极性。现有的养殖生产方式对养殖业的可持续发展带来较大冲击。

因此，当前必须推进现代水产养殖业建设，坚持生态优先的方针，以建设现代水产养殖业强国为目标，以保障水产品安全有效供给和渔民持续较快增收为首要任务，以加快转变水产养殖业发展方式为主线，大力加强水产养殖业基础设施建设和技术装备升级改造，健全现代水产养殖业产业体系和经营机制，提高水域产出率、资源利用率和劳动生产率，增强水产养殖业综合生产能力、抗风险能力、国际竞争能力、可持续发展能力，形成生态良好、生产发展、装备先进、产品优质、渔民增收、平安和谐的现代水产养殖业发展新格局。为此，经与中国农业出版社林珠英编审共同策划，我们组织专家撰写了《现代水产养殖新法丛书》，包括《大宗淡水鱼高效养殖模式攻略》《河蟹高效养殖模式攻略》《中华鳖高效养殖模式攻略》《罗非鱼高效养殖模式攻略》《青虾高效养殖模式攻略》《南美白对虾高效养殖模式攻略》《淡水小龙虾高效养殖模式攻略》《黄鳝泥鳅生态繁育模式攻略》《龟类高效养殖模式攻略》9种。

本套丛书从高效养殖模式入手，提炼集成了最新的养殖技术，对各品种在全国各地的养殖方式进行了全面总结，既有现代养殖新法的介绍，又有成功养殖经验的展示。在品种选择上，既有青鱼、草鱼、鲤、鲫、鳊等我国当家养殖品种，又有罗非鱼、对虾、河蟹等出口创汇品种，还有青虾、小龙虾、黄鳝、泥鳅、龟鳖等特色养殖品种。在写作方式上，本套丛书也不同于以往的传统书籍，更加强调了技术的新颖性和可操作性，并将现代生态、高效养殖理念贯穿始终。

本套丛书可供从事水产养殖技术人员、管理人员和专业户学习使用，也适合于广大水产科研人员、教学人员阅读、参考。我衷心希望《现代水产养殖新法丛书》的出版，能为引领我国水产养殖模式向生态、高效转型和促进现代水产养殖业发展提供具体指导作用。

中国水产科学研究院淡水渔业研究中心副主任
国家大宗淡水鱼产业技术体系首席科学家

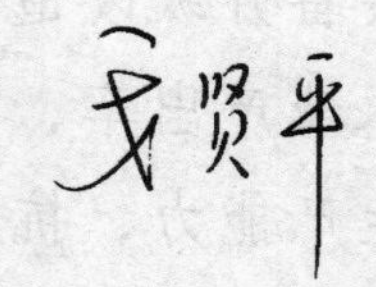

2015年3月

前 言

河蟹是我国特有的淡水名优水产珍品之一，经过30余年的发展，河蟹养殖业已成为我国淡水渔业支柱产业之一。2013年，我国河蟹养殖面积达93.3万公顷以上，涉及全国30余个省（自治区、直辖市），养殖产量达72万吨，产值超437亿元。

河蟹养殖业促进了渔农民的增收致富，目前，长江中下游河蟹主产区，养殖平均亩*效益达1 500元以上，为社会主义新农村建设起到了积极的推动与促进作用。河蟹养殖业对于解决就业和劳动力转移及社会的稳定作出了积极的贡献，据不完全统计，仅江苏省河蟹养殖直接从业人员达50万人，间接从业人员可达500万人。河蟹养殖业的发展，极大地丰富了市场供应与需求，解决了吃蟹难的问题，并有力地带动了饲料、渔药、餐饮、旅游和贸易等相关产业的发展。

尽管我国河蟹产业已基本形成链式结构，养殖规模及养殖效益逐年提高，但从总体来看，目前我国的河蟹养殖效益的增加主要取决于规模与投入的不断提升，各地发展极不均衡，部分地区河蟹养殖技术还摆脱不了靠天吃饭的现状，有些模式技术已不能适应养殖生产的发展与需要。面对新时期、新形势下我国渔业发展的新情况，河蟹产业发展迫切需要一本能为渔民提供实用技术，满足基层渔民迫切需要的含金量高、实用性强的现代养殖模式和生产技术的读本。因此，我们组织生产第一线的科技工作者编著了本书。

本书作者长期致力于河蟹增养殖研究和主抓一线生产工作，具有丰厚的基层养殖实践经验，结合科研及生产推广中的最新成果和先进技术，编写了本书。本书系统介绍了我国河蟹主产区现代养殖的各种模式，包括育苗、蟹种和成蟹养殖各阶段的新模式，内容通俗易懂，技术先进实用，并附以养殖实例，供广大河蟹养殖户和一线科技人员参考使用。

此外，江苏省兴化市水产局吴艳丽参加了本书第 3、4 章的编著工作；东南大学硕士研究生王超参加了第 10 章的编著工作，在此表示感谢。

由于编者水平有限，本书难免有不当和错误之处，恳请读者批评指正。

编著者

2015 年 3 月

目录

第一章 河蟹产业发展概况

第一节 河蟹文化和养殖发展史

河蟹是我国特有的淡水名优水产珍品之一，河蟹养殖业是我国渔业生产中发展最为迅速、最具特色、最具潜力的支柱产业，随着农村产业结构调整，河蟹养殖业对于调整农村产业结构、促进农民增收发挥了重要作用。经过近 30 余年的发展与完善，河蟹亩*均效益、总产值已成为我国淡水养殖品种中的佼佼者，有力地带动了饲料、渔药、餐饮、旅游和贸易等相关产业的发展。2013 年，我国河蟹养殖面积达 93.3 万公顷以上，涉及全国 30 余个省（自治区、直辖市），养殖产量达 72 万吨，产值超 437 亿元。

目前，河蟹养殖业已基本形成河蟹育苗、幼蟹规模化培育、成蟹养殖、保鲜加工和出口创汇等完整的产业链，但由于技术基础薄弱、技术积累有限、部分已有技术成熟度不够、新模式普及率跟不上产业发展的步调等问题，河蟹养殖效益波动区间过大，各地河蟹养殖技术水平差异显著，河蟹产业的可持续发展受到一定的影响。随着“十二五”期间消费升级的需要，我国的河蟹产业必然迎来更加广阔的前景。

一、我国的河蟹文化

1. 河蟹文化源远流长 中国早在先秦时期，就已对蟹类有了初步的观察与记录。关于蟹类的记载，不论经、史、子、集各部均有记录，然而多为以条

---

* 亩为非法定使用计量单位，1 亩＝1/15 公顷。

文形式来记录蟹类的生态行为与外形特征。其经部和子部有专门介绍蟹类的记载。三国时期沈莹所撰的《临海异物志》记录了数种蟹类。唐朝陆龟蒙的《蟹志》，是历史上首先为蟹作传者。书中记录蟹类的洄游现象，以及渔民根据洄游规律捕捞河蟹的经验等情况。到了宋朝，出现两本蟹类专著——傅肱的《蟹谱》、高似孙的《蟹略》，是河蟹历史文化的重要著作。透过宋朝以来的咏蟹诗，得以了解文人持蟹饮酒的乐趣与蕴含的感情，食蟹不仅仅讲求味觉上的享受，且注重各种感官精神上的舒适与快意。清朝，孙之騄的《晴川蟹录》，虽与《蟹谱》和《蟹略》有相似处，然而此书最大贡献在于增补了许多笔记小说中记载和元明清时期的相关诗文。透过《晴川蟹录》《晴川后蟹录》《晴川续蟹录》，使中国蟹类相关记录得以保存至今。

2. 食蟹文化一枝独秀 约七八千年前的江西万年仙人洞遗址和广西柳州大龙潭鲤鱼嘴的新石器早期贝丘遗址中，已出土螃蟹的遗骸，可知中国食蟹有七八千年的历史。中国最早的食蟹记录是周朝的蟹胥，蟹胥即蟹酱。先秦时期，蟹酱的制作与使用十分普遍。食蟹风气从中晚唐开始盛起。宋代的蟹类种类繁多，烹制手法多样，不仅达官贵人享用，民间饮食店也开始供应，螃蟹料理获得空前发展。除了注意蟹食的发展变化外，在医食同源的原则下，探究预防食蟹中毒的方法与蟹各部位的疗效。宋吴自牧的《梦粱录》记录的蟹类种类繁多，如辣羹蟹、五味酒酱蟹等，显示了烹调手法变化多样。明清时期的食蟹，文人雅士主张讲究鲜味的呈现，故主张蒸、煮为佳，始能品尝其鲜美。

二、我国河蟹养殖发展历史

20 世纪 40 年代，沈嘉瑞教授在河蟹分类区系方面做了初步研究；1959 年，水产科技人员在崇明八滧闸捕捞天然蟹苗放流取得成功，开启了我国河蟹人工增殖历史；50～80 年代，陈子英、堵南山、赵乃刚、许步劭等专家学者对河蟹的生殖、生理、内外部结构、洄游习性、天然繁殖和人工繁殖开展了深入的研究。这些研究成果，为我国河蟹人工繁育和养殖奠定了技术基础。1971 年，浙江淡水水产研究所、东海水产研究所和上海水产学院，利用天然海水人工繁育河蟹苗成功；1975 年，安徽省滁县地区水产研究所利用人工配置海水繁育河蟹苗成功；80 年代中后期，江苏、安徽等地开展河蟹人工试养，随着试养成功和高利润刺激，河蟹养殖进入大发展时期。

我国的河蟹生产，从 20 世纪 60 年代开始至 80 年代以前，由于蟹苗人工繁育技术不成熟，苗种严重短缺，主要靠捕捞长江口天然蟹苗资源进行人工放流；80年代初开始，由于捕捞强度过大致使天然蟹苗资源衰竭，使得人们转向进行河蟹人工养殖生产，但养殖规模小，产量较低；90年代以来，随着我国社会主义市场经济的逐步建立，受市场价格作用的刺激，也由于人工繁殖蟹苗技术获得突破，极大地促进了我国河蟹养殖业的迅速发展，但由于养殖技术不成熟，养殖成蟹规格较小，养殖效益一般；进入21世纪后，河蟹养殖技术有了长足的进步，成蟹养殖由大养蟹发展到了养大蟹，规格和质量大幅度提高，各地掀起了新一轮的养殖河蟹高潮。随着农村产业结构调整，大批农田转向养殖河蟹，河蟹养殖业已成为当前农村产业结构调整、农民增收的主要产业，也是目前我国渔业生产中发展最为迅速、最具特色和最具潜力的支柱产业之一。

第二节 河蟹产业现状

一、产业发展现状

1. 产业规模迅速扩张，整体布局日趋优化 通过国家规划引导，以发挥区域优势为出发点，立足区域资源禀赋，综合考虑产业基础、市场条件以及生态环境等方面因素，推动河蟹生产向优势产区集中，向专、精、优、强方向发展，在国内形成了沿海蟹苗产业带，沿江、沿湖和水资源充沛地区形成蟹养殖区及配套蟹种基地的格局。河蟹养殖遍及全国许多省（直辖市），特别是长江流域省份的河蟹养殖发展更是迅速。1998年，全国河蟹养殖产量就达12万吨；2000年，全国河蟹产量已达20万吨；2001年，全国河蟹产量已达23万吨。平均每年以2.5%的递增速度发展。经过30余年的发展，河蟹养殖业现已成为我国独具特色的养殖产业。2006年，全国河蟹养殖面积达117.26万公顷，产量49.61万吨，产值204亿元；2010年，养殖面积为96.8万公顷，产量58万吨，产值335亿元；2013年，养殖面积为93.3万公顷以上，涉及全国30余个省（自治区、直辖市），养殖产量达72万吨，产值超437亿元。从统计数据可知，我国河蟹养殖规模经历了20世纪90年代的飞速发展，过渡到21世纪初的稳步提升，直到近5年的趋向稳定，产业规模日趋理性化。

2. 产业链条逐步完整，经营机制创新发展 河蟹养殖经过30余年的发展，现已初步形成颇具规模的从育苗、养殖到加工、出口的产业链条。多年来，河蟹产业依靠龙头企业、农村合作社、行业协会等市场竞争主体的带动，细化产业分工，河蟹生产从单一的产中环节，扩展到产前、产中和产后等各个环节，从单一的养殖，扩展到加工、储藏、包装、运输、餐饮和服务等多个门类，使河蟹产业实现了多环节、多层次增值，逐步达到自我积累、自我发展的目标。随着河蟹养殖规模的扩大和养殖水平的提高，河蟹产业的经营机制也在探索创新。企业化、股份制和合作社等现代企业制度的一些元素在河蟹养殖业中出现，并呈现出良好的发展势头，带动了河蟹产业的发展壮大。如江苏兴化红膏大闸蟹有限公司，带动当地养殖户入股，目前公司股东有 1 000 多人，形成股份制养殖集团，由公司进行统一种苗、统一技术、统一管理、统一包装和统一销售等，年利润超亿元。

3. 养殖技术日益成熟，生产模式多元发展 自 20 世纪 70 年代河蟹人工繁殖取得突破后，经过多年的研究探索，90 年代初，在河蟹育苗、蟹种培育和成蟹养殖技术上取得突破，建成了国家级中华绒螯蟹原种以及一批中间培育及苗种繁育企业，提高了苗种质量。积极推行“低密度、大规格”养殖模式和生态高效养殖技术，提高了河蟹规格和质量。近年来，随着河蟹养殖生产的不断发展，河蟹的养殖技术也在各地不断取得创新，河蟹工厂化育苗、土池育苗、蟹种强化培育、池塘生态养殖、湖泊网围生态养殖、病害防治、健康养殖等系列配套技术不断研发和推广。同时，各地充分利用各类水域资源，不断探索创新河蟹养殖模式。目前，主要有湖泊（围栏）养蟹、外荡养蟹、池塘养蟹和稻田养蟹等形式，而池塘养蟹和湖泊养蟹是南方河蟹养殖的主体方式，稻田养蟹是北方河蟹养殖的主体方式。

4. 品牌建设成效显著，产业带动作用凸显 由于河蟹品质受区域性水质、水温等环境因素和养殖技术影响很大，不同来源地成为影响河蟹产品竞争力的重要因素。河蟹产业始终倡导品牌化发展战略，以品牌规范生产、开拓市场，在品牌注册、品牌整合、品牌战略实施、品牌价值评估和名牌带动推进等方面做了大量行之有效的工作。各河蟹主产区根据各自地域特色和文化背景，将河蟹文化和当地民俗相融合，通过螃蟹节活动，利用电视、广播、报纸、网络等媒体进行宣传和推荐，扩大河蟹产品知名度，将品牌和文化优势转变为市场优势，中国河蟹养殖第一县、中国螃蟹之乡、中国河蟹养殖大王等称号相继出炉。同时，在北京、上海、香港、新加坡等地举办优质大闸蟹系列推介活动，进一步提高了河蟹品牌声誉。河蟹产业的发展也带动了相关产业，如河蟹饲料、渔药生产、餐饮休闲和旅游文化等行业的发展。据不完全统计，2010 年仅江苏省阳澄湖地区河蟹餐饮相关产值就达 38 亿元，整个苏州地区河蟹带动的餐饮等相关产值达 100 亿元。

二、河蟹产业发展壮大的要素

1. 各级政府高度重视，政策资金保障有力　河蟹产业经过多年的发展，作为我国特有的名优水产品种，受到各级政府部门的充分重视和大力支持。河蟹已列入农业部《全国出口水产品优势养殖区域发展规划（2008—2015 年）》。“十五”以来，科技部、农业部及我国长江流域沿线的江苏省、安徽省、湖北省和上海市等分别加大了对河蟹产业相关技术的研究，分别列入了国家科技攻关计划、国家科技支撑计划、国家农业科研行业专项及各省重点科研项目，通过企业和科研、高校等单位开展河蟹产业新技术的研发、推广和科技人才的培养，使河蟹产业始终走在国际前列。我国多个市、县等各级地方政府把河蟹产业当成富民工程来做，加大了财政支持力度，加强了政策的导向，在做大做强河蟹产业的同时，增加了农民的收入，增强了企业的竞争力。

2. 坚持科技创新，加强成果转化　坚持以科技为先导，向科技要效益，在“科技兴蟹”上做文章。我国先后建立了各级河蟹类科技创新平台和成果转化基地，成立了省部级河蟹遗传育种中心，大力开展河蟹新品种选育、规模化养殖、病害防控、渔药、饲料和产品深加工等相关技术的研发，从产业链的各个环节寻求技术突破与产业升级。依托各级创新载体推广了一大批河蟹育苗和养成新技术，并根据生产中出现的新问题，不断探索寻求新技术、新方法，如从常规养殖调整到生态养蟹，从人工育苗调整到生态育苗，这对河蟹养殖保持长盛不衰起到了重要作用。在保证科技创新的同时，不断加快科技成果转化和应用，每年各省都要举办多期河蟹养殖技术培训班，并依靠渔业科技入户，开展河蟹相关技术的推广与应用，对新出现的问题，有针对性地进行培训。河蟹科研技术上的领先优势，将会进一步推动河蟹养殖业健康发展，促进养殖产品竞争力的提高。

3. 提倡生态养殖，注重河蟹品质　紧跟我国水产品养殖的新形势，不断创新养殖技术和模式。自 1999 年起，提出从大养蟹转为养大蟹、养好蟹，提倡生态养蟹的生产模式。湖泊采取人工放流蟹种增殖资源与适度网围养殖相结合；河沟采取合理放养、移植水草与螺蛳；池塘采取适度稀放，种草移螺、科学套养等生态养殖模式，生产无公害河蟹，从而为河蟹的健康发展探索了多种模式的成熟技术。环境友好型的高效养殖技术，是当今水产养殖的发展趋势。从环境着手，以大环境的改进来推动高效养殖的实施，全国多个湖泊压缩调减养殖面积，在减少养殖面积的同时，通过运用改善养殖水体环境、探索合理养殖模式、开发与应用优质饲料和采取生态防病等措施，使养殖对象与外部环境之间、养殖对象之间、养殖对象内部本身的微环境之间的三个部分，达到一个自然的协调、平衡，从而生产出优质、健康、高品质的无公害河蟹产品。生态养蟹不仅改善了水体环境，更是提升了河蟹的品质，从而提高了河蟹的价格，提高了河蟹的市场竞争力。

4. 加强监管力度，实现安全生产 以全面提高河蟹产品质量安全水平为核心，以加强省部级质检中心建设为重点，逐步建立起以省部级质检中心为主体、市级质检中心为基础的水产品质量安全检测监控体系。近年来，我国启动了各级水产品质量检测部门，全方位开展对水产品的质量安全检测工作，每年连续抽测上千个河蟹样品，对土霉素、四环素、氯霉素、金霉素和呋喃唑酮残留项目进行检测。还制定了《无公害食品—中华绒螯蟹养殖技术规范》，为无公害水产品的生产和认定、基地建设提供了依据。

三、产业发展中存在的问题

1. 产业链各环节缺乏协同性 河蟹产业链分为育苗、养殖、加工、储运和出口等环节，各环节均有相应的龙头企业及农户作为主体进行运作，但各生产环节之间，产业上、中、下游缺乏统一管理与有效的沟通，造成资源浪费与生产的损耗。育苗环节与蟹种环节的脱节，导致苗种过剩、价格下跌和质量下降，企业与养殖户大量购入低价劣质的苗种，影响了1龄蟹种的品质与价格，从而影响了成蟹养殖以及后面一系列的生产运作。据不完全统计，2011年我国沿海河蟹土池育苗面积5万亩以上，年产蟹苗可达120万千克以上，保守估计可年产蟹种240亿只；而同期全国河蟹养殖面积1 400万亩，蟹种需求量为50亿只，蟹种产量严重的供大于求，造成的后果就是，育苗生产单位为了降低生产成本，忽视了蟹苗的质量。

2. 市场运营机制不健全 在河蟹产业化经营过程中，由于企业、市场或中介组织通常比较关注短期收益，并在利益分配过程中处于相对主动的地位，因此产生局部的盲目生产和扩大规模，造成生产成本的提高和资源的浪费。因此，必须建立健全市场运营体系，将有关的企业生产、科技项目与市场相结合，使其相对统一管理，以市场为标杆，以政府导向为准绳，合理开展生产经营活动。这样，既可推动整个产业发展，又有助于把河蟹产业化经营引向更高阶段。政府部门应当通过利益的诱导，促使龙头企业和农户结成主导产业的培育主体。河蟹产业化经营要求必须按照市场经济的运作规律，来建立产业化的运作体系和方式。商品蟹的销售时间比较短，全国每年产量达60～70多万吨，销售季节主要集中在每年的9月中旬至12月底，上市时间的集中制约了价格的稳定，造成商品蟹的价格波动区间较大。据测算，商品蟹的价格波动平均可占到年平均价格的40%～50%，价格的波动对养殖户效益的影响非常明显。

3. 产业各技术环节仍需改进

(1) *良种繁育体系不健全*　河蟹产业健康发展的关键在于苗种。但由于种质混杂、市场、技术和观念等因素的影响，优质蟹苗生产成本大，蟹苗生产单位为了压低生产成本，降低了蟹苗的生产标准，使得蟹苗的总体质量有所下降。进而也影响到了商品蟹养殖的另一个关键环节，即优质蟹种的强化培育。

(2) *综合养殖技术仍需改进*　我国河蟹养殖有很大一部分基本上沿袭了传统养殖方式的结构和布局，仅具有提供河蟹生长空间和基本的进排水功能，池塘基础工程设施落后，现代化、工程化和设施化水平较低，不具备废水处理、循环利用和水质检测等功能。这种养殖模式不断消耗自然资源，造成水域环境恶化。因此，使用新的养殖技术、养殖模式和养殖工程设施建设迫在眉睫。

(3) *饲料营养缺乏系统研究*　对于河蟹不同生长阶段的营养需求和配合饲料的主要营养参数没有科学的技术规范，科研投入不足，科研仪器落后，养殖方式粗放，环境污染与浪费严重。蟹种培育期、河蟹蜕壳前后期等不同生长阶段营养素需求量的研究仍不深入，基础数据存在大量空白，饲料配方仍主要借鉴其他鱼类饲料，加工和应用环节中可能影响产品质量安全的不确定因素依然存在。

(4) *病害基础研究依然薄弱*　目前，河蟹养殖过程中，病毒性、细菌性疾病均有发生。对河蟹重大病害发生机制等基础方面的研究不够深入，病防手段落后，河蟹养殖病害时常发生，全国每年河蟹颤抖病等重大病害都造成了一定的经济损失。近几年发生的硝基呋喃代谢物、氯霉素、甲醛、恩诺沙星和孔雀石绿残留事件，使水产品的生产、出口、消费都不同程度地受到负面影响和冲击，暴露出现行养殖模式的安全隐患。

(5) *加工和储运技术落后*　河蟹加工技术发展滞后，加工品种比较单一，目前河蟹加工企业主要是根据客户的要求进行河蟹初加工——速冻加工，产品的附加值较低。其他食品系列，包括蟹黄酱、蟹黄粉、蟹黄汤料、蟹黄味精、蟹肉干、蟹肉速冻食品、菜肴、副食品、调味品、食品添加剂和风味佐料等，规模和销量都有局限性。由于河蟹季节性消费较强，在其大量的流通过程中，产品质量及安全性容易受到储运等环节的影响。

（6）*质量安全监测仍需加强* 在质量安全监测方面，虽然已经加大了监测力度，但目前有些环节仍重视不够，导致出口商品屡次受阻，造成较大的经济损失。2006年10月，中国台湾“卫生署”称在售台的阳澄湖大闸蟹中检出致癌物硝基呋喃代谢物，此事件一经报道，引起消费者对大闸蟹的恐慌，严重影响了我国河蟹的正常出口、销售，损害了江苏河蟹品牌形象。

第三节 河蟹产业发展对策

随着河蟹产业的深入发展，各种新问题不断涌现，要保持河蟹健康稳定发展，必须要在政策、资金、管理和技术上同时下功夫，采取综合措施，确保行业领先地位。

一、加强政策扶持力度，营造有利发展环境

各级政府部门应积极引导各项扶持政策、资金和项目向河蟹产业倾斜，特别是为产业共性、关键性技术研发提供持续稳定的资金支持，切实解决制约河蟹产业发展的技术瓶颈问题，为产业健康稳定发展提供科技支撑。要研究探索水产良种推广补贴政策，借鉴农业良种补贴有益经验，加快建立并实施河蟹良种推广补贴政策。实施标准池塘和循环水养殖设施改造专项扶持政策，支持健康养殖示范场进行生产条件改善，推动标准塘改造和循环水配套设施装备工程全面开展。

二、提高科技创新能力，稳定科研创新队伍

创新河蟹育种技术，加大河蟹遗传改良力度，建立有自主知识产权的核心种质资源，培育适应全国市场需求的良种。加强重大病害综合防治技术研究，研发新型渔药及环保饲料。创新生态养殖和集约化水产养殖模式，加快河蟹精深加工与综合利用技术研究，突破有毒有害物质控制和检测技术。通过科技项

目的带动，形成一支相对稳定的从事河蟹育苗、蟹种培育、生态养殖、病害防治、饲料、加工储运等技术研究的科技创新团队。通过科研单位、高校、水产技术推广单位和相关企业的产学研联合协作，保证科技成果在第一时间推广应用，提高科技转化的效率。

三、抓好质量安全监管，提高产品竞争优势

全面贯彻《农产品质量安全法》，从源头治理、生产自律、市场准入、科技创新和保障体系等方面，加强河蟹质量安全的监管能力建设。强化水产品质量安全标准体系、检验检测体系和认证认可体系建设；加强河蟹质量安全监控，建立河蟹质量追溯体系，引导和督促企业健全质量管理制度；健全完善应急工作机制，提高妥善解决突发事件的能力，建立河蟹产业重大灾害性天气预警技术体系；完善药物残留控制计划，加大对禁用药物的监察力度；加强执法监管，继续开展水产品质量安全专项执法行动。

四、转变发展方式，打造河蟹全产业链

河蟹全产业链，是将河蟹的育苗、养殖、深加工、出口、技术研究、渠道开发和品牌创建等全部环节，由一个或者几个紧密联合的企业来掌控。掌握全产业链的企业，一方面，通过构建系统、完整、严格的企业标准可以规范产业各个环节，保证产品的高品质，是对上述品牌战略的有力支撑；另一方面，能有效整合行业资源，提高生产经营效能，并凭借强大的经济实力和产能、技术、品牌优势成为行业龙头和风向标，掌握市场话语权。打造全产业链，是应对当前诚信缺失和高风险市场环境的必然举措。打造并控制全产业链，必须要放眼全国，要将各省的优质产区、技术优势和消费市场等纳入其中，通过优化布局和资本运作，构建全产业链的各个环节，并使其紧密结合在一起。

五、推进大公司战略，提高行业组织化程度

要推动我国河蟹产业做大做强，必须要加快提高全行业的组织化程度，首要的是提高水产专业合作社（联社）的紧密程度，鼓励和推进有条件的合作社（联社）向公司化经营转变，这是中小型水产经济实体成长为大企业的先决条

件。一是建立股份制，吸引农户以资金或者生产资料形式投资入股，成立产权明晰、权责明确的股份制公司或企业；二是建立现代企业管理制度，规范和健全财务、人事、生产、销售等各项规章制度，按照现代企业的经营方式管理企业；三是转变农户身份，农户应严格按照公司的技术要求、生产模式、质量标准进行生产，同时公司要保障农户的利益，将农户紧密捆绑在公司的产业链条上，使之成为公司“员工”。未来5～10年，可通过对各个品牌和规模企业的整合，着力培育和重点建设数个大品牌以及对应的资本雄厚、技术领先的大型企业集团，打造河蟹产业集群的“航空母舰”。一方面通过股权投资、科研成果推广、经营管理咨询、融资服务、上市辅导和资本运营等多种方式，协助河蟹产业相关企业做大做强；另一方面积极推动企业通过对外投资、并购重组、连锁营销等多种方式，整合国内各河蟹大省的产业资源，从而使企业更好更快地发展成为中国乃至国际河蟹产业的领导企业，为我国打造现代渔业产业体系，绘上浓墨重彩的一笔。

六、实施金融创新，集聚发展新优势

当前，我国河蟹产业资本主要来自于农村信用社、商业银行以及民间信贷，多以小额贷款担保为主，吸纳的资本量小，且资金比较分散。推动河蟹产业大发展，必须要对接资本市场，获得持久发展的强大资本支持。一是要丰富和创新融资模式。要发挥合作社、龙头企业的规模优势，积极争取更多融资。如一些实力较强的合作社可以与当地商业银行合作，以自身资产作为抵押，为社员提供一定额度的银行授信，这种方式放大了自身优势，既盘活了资金运转，又强化了对生产链各个环节的管理和控制，容易形成全合作社上下“一盘棋”的局面。二是要使用先进的金融手段创造机会，要把“土”行业和“洋”行业结合起来，通过引入风险投资基金、上市融资、行业兼并重组等多种手段，汇集社会资本，扶持龙头企业、专业合作社等进入规模化、产业化、集团化的发展轨道。

第二章 河蟹生态育苗养殖模式

第一节 河蟹工厂化生态育苗模式

近二三十年来，随着河蟹人工养殖的快速发展及蟹苗天然资源的日趋衰竭，其养殖生产对人工繁育蟹苗的依赖越来越大。河蟹工厂化生态育苗模式，就是要应用现代工厂化的技术，进行集约式的苗种生产。它的意义在于高产量和提前供苗，要产量高，必须密度高，提高各期溞状幼体的成活率。为此，要有适口饵料的大批量生产、各培育阶段的适温控制，保证育苗水体充足的氧气和保持育苗所需的稳定水质等一系列技术，各种配套设备和操作工艺要高度协调统一。工厂化生态育苗技术先进，产量高、质量好，且可分批多次进行；不利之处在于对技术和成本要求均较高。

一、育苗场址的选择

（1）场址选在靠近海边或选址在海带、紫菜、对虾育苗场附近。

（2）新建场选址应有独立的养殖用水水系，水质不受工业废水和生活废水污染。

（3）必须有三通条件（交通方便、保障供电、淡水水源方便）。

二、育苗场环境条件

1. 盐度 河蟹育苗场对盐度有一定的范围要求。育苗在15～33的盐度范围内均能进行，而在20～28为最佳。但在许可范围内，盐度的骤变会引起胚胎和幼体的大量死亡。一般在胚胎发育和溞状幼体阶段，盐度骤变一次不能超过5，即使大眼幼体阶段也不能骤变过大。Ⅰ期溞状幼体（Z_1）对盐度的要求比后期高，一般不得低于18；从Ⅱ期溞状幼体（Z_2）到Ⅴ期溞状幼体，盐度的要求在18～28；从大眼幼体开始喜欢淡水，并迁移至淡水中生活。

由于春季雨水较多，海水蓄水池进水时尽量进高盐度海水，一般不低于20。

2. 温度 河蟹交配、产卵和幼体变态对温度均有一定的要求，雌雄交配水温要求为10～12℃，亲蟹适宜温度为10～15℃，胚胎发育适宜温度是15～20℃，幼体变态则需要20～25℃。溞状幼体生活在海水里，海水温度比较稳定，变化幅度不大，这就显示了幼体发育需要一个比较恒定的水温环境。水温骤变会引起幼体的大批死亡，故在幼体培育中，日水温变化不能超过5℃。在适宜的温度范围内，水温高，幼体发育快，从而缩短育苗周期，提高成活率。

3. 水质 水质是育苗成败的一个关键。水中溶氧量要求在4毫克/升以上，若水中的溶氧低于2毫克/升时，可引起幼体大量死亡。溶氧充足，可加速胚胎和溞状幼体的发育生长。其他水质要求是pH7～8.5；钙、镁、氯化钾、铁的适宜范围分别是144～355毫克/升、461～935毫克/升、200～400毫克/升、0.02～0.05毫克/升，自然海水都能满足这些条件。水中的氨氮含量也要适宜，若超过则会影响变态和生长。

4. 光照 成熟亲蟹在开始洄游时，就有趋光性。但亲蟹交配多在夜晚进行。抱卵蟹则多潜伏于隐蔽处，胚胎发育基本上处于黑暗状态。溞状幼体及大眼幼体对强光有明显的避光性，但对弱光有较强的趋光性。溞状幼体眼点有感光功能，无成像功能，游动时无方向感，不回避水中的其他物体。大眼幼体眼睛有成像功能，能有方向地游动，遇水中其他生物和物体能及时回避。在育苗期间绝对的黑暗状态，将影响溞状幼体的蜕皮及成活率。

5. 饵料 幼体食性杂，摄食强度大。幼体在不同发育阶段，对饵料的品种、大小有一定选择。Ⅰ期溞状幼体，可摄食一些单细胞藻类或有机碎屑；Ⅱ期溞状幼体除单细胞藻类外，还捕食桡足类的无节幼体；而Ⅲ、Ⅳ、Ⅴ期溞状幼体就能吞食桡足类成虫了。目前，培育蟹苗从Ⅰ期溞状幼体到Ⅴ期溞状幼体都可投喂轮虫，而且效果很好。

三、设施设备

1. 亲蟹越冬池 亲蟹越冬池以土池为主，池深1.5～1.8米，面积5～10

亩为宜。池面可加盖塑料大棚，便于调节水温，也可促进亲蟹受精卵提前发育。

2. 育苗池 育苗池的大小要因地制宜，不宜过大，以利于抱卵蟹同步排放幼体和操作管理。一般以 30～70 $米^3$、池深 1.4～1.6 米的长方形池子为宜。池角弧形，池底要有 0.5%～1%的比降。为便于排水和出苗，出水孔的位置设在池底的最低处，出水孔的外侧配有低于池底 1 米的蟹苗收集池。

3. 采光 育苗室以南北向为宜，屋面及四周总进光面积达 80%左右，以全进光平板玻璃为好，四周玻璃涂白漆（防直射光）；屋顶加遮光帘，以确保阴雨天最低光照强度达 3 000 勒以上，晴天最高光照强度一般不超过 15 000 勒。

4. 供水系统 主要包括泵房、蓄水池、沉淀池和输水管道。

（1）*泵房* 海水泵房的供水能力以 3 小时能注满蓄水池为宜；淡水泵房可设在没有污染源的河道或深井旁。

（2）*蓄水池* 在大汛期间蓄满水，以备小汛时期用。一般设 2 个池，每个蓄水池面积 2～4 公顷为宜，池深 2.5～3.5 米，蓄水量与育苗水体的比例应大于 15∶1。蓄水池设进排水闸各 1 个，以便及时调节海水的储量。

（3）*沉淀池* 为块石或钢筋混凝土结构，分封闭式和敞口式两种。前者有利于选择来自海水中单细胞藻类。为利用水位势能，沉淀池的池底应高出用水系统。蓄水总量为育苗水体（包括饵料孵化池）的 2/3 左右。

（4）*输水管道* 采用聚氯乙烯管道和阀门，规格要大，要求能在 3～5 小时内将育苗用水注满或排完。管道终端设 1 排水阀，以便排除管道内积水。

5. 供气系统 供气系统由风机、储气罐、送气管道及散气头组成。风机采用风压为 3 000～3 500 毫米水柱的罗茨鼓风机。每分钟送气量为育苗水体的 1%～2%。供气管道采用塑料管或铁管，散气头一般使用中软 60 号金刚砂气石，每 0.5 $米^2$ 1 个，每个育苗池必须独立设控制阀，可以随时调节各池气量。

6. 供热系统 加温采用电热法和蒸汽管道供热法。电热法适合小水体加温，一般采用远红外线电热板加热，育苗池每 5～8 $米^2$ 配置 1 个电热板（1.5 千瓦），以能达到育苗所需水温为宜。大面积育苗需设锅炉加热装置，1 000 $米^3$ 水体可配备每小时产 0.5 吨蒸汽的锅炉，采用蒸汽管道直接加热，也可用热水锅炉循环加热。

7. 饵料培育设施 河蟹苗的饵料主要有藻类、轮虫和卤虫。这三种饵料都需专门的培育设施，藻类和轮虫可以在实验室内或室外露天池培养，卤虫则需要在室内培育。卤虫孵化池一般用200升的玻璃缸或桶进行孵化。早期在室外培育轮虫要搭建大棚，用塑料薄膜覆盖提高水温，培育藻水接种轮虫种，以利于轮虫提早繁育。

四、亲蟹的选留与饲养

1. 亲蟹的选择 亲蟹是整个河蟹育苗生产的基础，亲蟹的优劣关系到育苗生产的成败，影响蟹苗的质量，因而应引起足够重视。一般选择体质健壮、活泼、肢体完整、无病伤、体色青绿、腹白、壳硬无畸形、单只重100克以上、性腺发育好的长江系2龄成蟹做亲蟹。若亲蟹规格偏小，则会引起河蟹优良性状的退化，成熟时间提前，个体逐渐小型化等不良现象。且小规格的亲蟹，特别是当年蟹苗养成的亲蟹，孵出的蟹苗体质差，规格小，不利于养殖。因而要求育苗单位切不可贪图一时的便宜而选留小规格的亲蟹。若用太大的亲蟹（200克以上），要改善培育设施和越冬方式，不然会出现死亡率过高的现象。

2. 亲蟹的运输 一般采用篓筐或蒲包作为亲蟹的长途装运工具。其方法是将亲蟹装满筐加盖后，放入水中浸泡5分钟，使之鳃腔内保持一定的水分，以利呼吸。装筐时四周衬以湿稻草包，顶部用湿麻袋（或湿稻草包）覆盖，以防运输途中碰伤肢体。在途中为防止风干，每2小时泼水1次。也可用网袋运输，每袋8～9千克，做好保湿、防风吹和雨淋。

3. 亲蟹的交配产卵 亲蟹交配必须在海水中才能进行，当水温在9～12℃时，亲蟹直接进入越冬池盐度为20左右的海水中交配，每平方米4～5只。雌雄比例为（2～3）：1，雌雄亲蟹交配后20天左右，进行夜晚池边巡塘并及时将雄蟹捕出，开始饲养抱卵蟹。

4. 抱卵蟹的饲养 河蟹的性腺发育，主要依靠入冬前大量摄食并贮藏丰富的营养于肝脏中，这是卵黄生长的物质基础。所以，亲蟹的采购应尽可能在河蟹上市旺季的后期，这时采购的河蟹运回育苗基地后不久即进入冬季越冬状态。水温10℃以下，河蟹少量摄食或不摄食。

越冬季节投喂的饲料有杂鱼、蚌蛤肉和麦芽等，越冬季节要根据水温的变化适当投喂饵料，以保证亲蟹的正常发育。同时加强水质管理，一般很少换水，以添加海水为主，加水时还要注意保持池水水温和盐度的相对稳定。

五、工厂化育苗

河蟹工厂化育苗，是指在工厂化培育设施中从溞状幼体至大眼幼体的培育过程。目前，河蟹的工厂化人工育苗主要是指天然海水工厂化育苗，人工半咸水工厂化育苗因科学性和实用性都存在问题而不被看好。天然海水工厂化育苗操作要点如下：

1. 育苗前的准备工作 在抱卵蟹入池孵幼前半个月，水泥池要刷洗干净，然后用高锰酸钾或漂白粉（每升水体 45 毫克）进行消毒处理，尔后冲洗干净。育苗用水经沉淀后，用 64～100 微米筛绢过滤方可进入育苗池，以防有害生物进入育苗池。

2. 抱卵蟹入育苗室暂养 根据出苗时间的要求，确定抱卵蟹入育苗室的时间。一般在 3 月中下旬，抱卵蟹即可进入育苗室。进入育苗室时，每升水体用 300 毫克高锰酸钾消毒药浴 3 分钟，然后入池。入池暂养密度为 5～10 只/米^2，水体盐度 20～30，pH 7.5～8.5，水深 50～80 厘米，每天全量换水并排污，注意温差不能高于 5℃。以活沙蚕、蛤子、小杂鱼等为饵料，日投饵量为抱卵蟹体重的 3%～10%。入池前两天为自然水温，以后每天升温 0.3～0.5℃，到 15～16℃时稳定 2 天，然后升到 18℃恒定，等待时机准备布苗。提温期间要定期检查卵的发育情况，并做好防病工作。

3. 布苗 布苗水质处理：蓄水池的水在布苗前 15 天，用 0.7 毫克/升硫酸铜或 50 毫克/升漂白粉处理后备用。

当卵粒绝大部分透明，卵黄集中于中央，一小部分呈蝴蝶状，胚胎出现眼点，心脏跳动每分钟 120 次以上，进入原溞状幼体阶段时，预示着溞状幼体将临近出膜，这时做好亲蟹孵化的各项准备工作。布苗时水深 1.3～1.4 米，并在每升水体中加入 5 毫克 EDTA 进行处理，水温维持在 20℃。布苗用蟹笼规格为 0.6 米×0.8 米×0.6 米，每笼装亲蟹 30 只，入笼前要进行蟹体消毒，每立方米水体布 3～5 只。布苗宜在晚间进行，傍晚天黑之前将育苗用水准备好，调好水温、盐度和水位，天黑将亲蟹笼移入育苗池开始布苗。布苗密度为每立方米水体 25 万～35 万只，一旦达到密度后，立即将亲蟹移出。

4. 幼体培育 河蟹从溞状幼体孵出到大眼幼体（蟹苗）出池，要经过 5 次蜕皮变态过程，时间长达 17～22 天。搞好幼体培育是河蟹人工育苗成败的关键，在整个幼体培育过程中，应注意掌握以下几个环节：

（1）换水　育苗用水必须经过严格过滤后方可使用，换水时根据各发育期调整换水量（表 2-1）。

表 2-1　育苗期间温度控制和换水量

发育时间	持续时间（天）	天换水量	换水网目	控制水温（℃）
布苗				18～20
溞Ⅰ期	3～4	第 1、2 天加水 4 厘米，第 3、4 天换水 1/5	120	20～22
溞Ⅱ期	2～3	换水 1/4	80	21～23
溞Ⅲ期	3～4	换水 1/4	60	23～24
溞Ⅳ期	3～4	换水 1/3～1/2	60	24～25
溞Ⅴ期	3～4	换水全量（倒池）	40	24～25
大眼幼体	6	换水 2 倍全量	20	逐渐降至室外水温

（2）水温控制　水温的高低根据蟹苗的强壮与抵抗力情况来控制，要求水温保持相对稳定，昼夜温差不宜过大。

（3）饵料投喂　投饵时要经常观察，灵活调节投饵量，投喂方法为全池泼洒，坚持少量多次的原则，每天投喂 6～8 次。饵料要求新鲜、适口，喂足喂均匀。颗粒大小也应随幼体的生长逐渐加大，具体见表 2-2。

表 2-2　育苗期天投饵量

饵料种类	溞Ⅰ期	溞Ⅱ期	溞Ⅲ期	溞Ⅳ期	溞Ⅴ期	大眼幼体
蛋黄（个/立方米）	0.2～0.5	1	1			
单胞藻（万/毫升）	20					
酵母		酌情搭配使用				
颗粒饵料（克/万幼体）						3～5
轮虫（个/幼体）	20	35	60	150	350	500

（4）防病　整个育苗期间每天投入 1 次抗生素，浓度为 0.5 毫克/升，可用几种抗生素交替使用。育苗期间的常见病是固着纤毛虫病（包括由钟形虫、单缩虫、聚缩虫等引起的疾病），布苗前要用 35 毫克/升制霉菌素对亲蟹进行消毒 2～3 小时。发病时，可用每升水体 20 毫克/升制霉菌素进行药浴 10 小时左右，即可全部杀灭。如果本地区水中重金属及离子指标超标，水中还必须保

持有2～5毫克/升的EDTA，以利于蟹苗的变态发育。

(5) 淡化 淡化开始时间可根据水中的盐度灵活掌握。最早可在溞Ⅴ期开始，一般每天降2～3的盐度；进入大眼幼体后每天可降5；到大眼幼体第6天，盐度需降到5以下，准备出苗。

(6) 日常管理 日夜专人值班，每天早、中、晚各检查1次幼体的生长、发育和变态情况。并通过显微镜检查幼体的摄食情况，定时测试水温、盐度、溶氧等水质数据，做好记录，根据检查掌握的情况，调整各项饲养管理技术措施。河蟹育苗生产过程中有两个死亡高峰，即溞Ⅰ期进入溞Ⅱ期和溞Ⅴ期进入大眼幼体两个阶段，前一个主要是水质问题，后一个主要是饵料的原因。要加强病害防治和水质管理，通常可在溞Ⅳ期第二天应倒池1次。另外，从溞Ⅰ期到大眼幼体的整个培育时间应不少于20天，大眼幼体的淡化时间通常应掌握在4～5天内完成。

5. 蟹苗出池 溞状幼体变成大眼幼体（蟹苗）后，再经5～7天培育就可以出池了。蟹苗出池前盐度通常要降到5以下，水温要降到16～18℃。趋于室外水温，出苗的最佳时间是晚上，出苗时首先停气，待杂物下沉，幼体全部上浮后，放掉池水一半，利用蟹苗的趋光性，在池角放置一个聚光灯，使蟹苗聚集后用20目捞网捞出，然后干法称重，待运。

六、河蟹工厂化育苗中常见病害的防治

1. 弧病菌 常见的危害性极大的一种疾病，一般是急性型的，发病后1～2天幼体大量死亡。各期都有可能发病。将幼体压破后在400倍显微镜下观察，可看到大量的病原菌。

【预防措施】①育苗池和育苗工具彻底消毒，可用每升水体40毫克高锰酸钾溶液或每升水体200毫克的漂白粉溶液洗刷、浸泡；②生态预防，利用单胞藻可抑制弧菌繁殖的特点，在育苗池中保持一定量的单胞藻，如每毫升水体20万～40万骨条藻，每毫升水体100万～200万角毛藻，既可控制有害菌群，还可吸收有害物质（如NH_3），提高溶氧量，改善水环境；③控制培育密度，Z_1最好不要超过每立方米水体30万，Z_5不要超过每立方米水体15万；④适量投饵，少量多次，有条件的尽量多投活饵，如果是冰冻轮虫，要经过清洗消毒后方可投喂。

【治疗方法】①每升水体用3毫克土霉素，每天1次，连续3天。同时用

药饵投喂，用鸡蛋等做成蛋糕，每千克蛋糕加 1 克土霉素，连续喂 3 天。②每升水体 2 毫克头孢拉定，每天泼洒 1 次，连续 3 天，如仍没有痊愈，可再用 1～2 天。也可将药物均拌于藻粉，投喂给轮虫，再将轮虫喂给河蟹幼体。

2. 肠道细菌病 镜检可发现肠道中无食物，有淡黄色菌落。一般 Z_1～Z_2 就开始发病，死亡率高。

【预防措施】育苗池和工具彻底消毒，育苗用水用每升水体 20 毫克漂白粉消毒，消除余氯后使用。

【治疗方法】①每升水体 1～2 毫克土霉素，连用 3 天，可同时用头孢拉定 1.5 克混于 1 千克鸡蛋中做成蛋糕投喂，连续 3～5 天；②每升水体 1～2 毫克氟哌酸，连续 3 天，同时按 0.05%比例加入鸡蛋中做成药饵，连续投喂 3 天。

3. 烂背刺病 幼体背刺末端变红，烂掉，后逐渐向基部扩展，严重时会引起大量死亡。

【预防措施】①保持水质清洁，育苗用水最好经过砂滤；②投喂适口饵料，促其蜕皮；③平时用土霉素、头孢拉定、氟哌酸 1 毫克/升交替投放，控制菌群发展。

【治疗方法】①土霉素 2 毫克/升连续 3 天；②新诺明 1～2 毫克/升，连续 3 天，可以有效控制。

4. 毛霉菌病 多发于育苗后期，毛霉菌附着于幼体背部、肢体，影响其运动、摄食，严重时可致其死亡，影响产量。

【预防措施】大量换水，保持水质清洁，并多喂适口饵料，促使其尽快蜕皮。

【治疗方法】①用高锰酸钾溶液全池泼洒，使池水浓度为每升水体 2～5 毫克；②用制霉菌素，浓度达到每升水体 25 毫克。

5. 纤毛虫病 多发生于中后期，常见为聚缩虫和钟形虫。

【预防措施】①育苗用水要经过砂滤；②投喂鲜活的轮虫、卤虫、桡足类时，可用 10 毫克/升高锰酸钾溶液浸泡 10 分钟，洗净后投喂；③投喂卤虫时，要严格分离掉卵壳，避免将其带入苗池。

【治疗方法】如幼体上只有少量纤毛虫时，可以通过大量换水，投喂适口饵料，提温促其蜕皮，可不必治疗。严重时，要及时治疗：①制霉菌素 40 毫克/升，药浴 1 小时，为降低药品费用，可降低水位后进行；②福尔马林 50 毫克/升，药浴 40 分钟后大换水。

七、蟹苗的运输

蟹苗的运输方法有两种，即蟹苗泡沫箱运输和蟹苗箱干法运输。

1. 蟹苗泡沫箱运输　容积为 50 升的双层尼龙袋，装苗前先装入盐度为 5 以下的淡水，然后每袋装入蟹苗 0.25～0.5 千克，立即挤出空气，充入氧气，扎紧袋口，放入蟹苗泡沫箱，泡沫箱间隙处可放置冰水瓶。蟹苗运到目的地后，应将尼龙袋放在池塘内 10 多分钟，待袋内外水温接近时，再缓缓打开袋口，将蟹苗放入池内。还有一种泡沫箱干法运输，一个泡沫箱分上下两层，每层放 3 个网袋，每袋装 0.5 千克，最底层放 2 袋冰袋。

2. 蟹苗箱干法运输　常用的一种方法。这种方法简便，成本低，成活率高，适宜大批量运输。一般每只 60 厘米×40 厘米×10 厘米的蟹苗箱，可装蟹苗 0.5～1 千克。途中还要防止风吹、日晒、雨淋和颠簸。如运输时间超过 24 小时以上，可用保温箱运输，用冰块降低温度，蟹苗离水 24 小时成活率可高达 90%。

八、蟹苗质量的鉴别

蟹苗质量与运输成活率、养殖效果等均有很大的关系，所以，购买蟹苗时要鉴别蟹苗质量的好坏，通常可从以下几个方面进行鉴别：

1. 了解蟹苗生产的全过程　包括蟹苗的日龄、饵料投喂情况，淡化处理过程及池内蟹苗密度。一般饲养管理较好，蟹苗日龄已达 4～5 天，经过多次淡化处理，池内蟹苗密度较大，且比较活跃，说明蟹苗质量较好。

2. 称重计数　随机称取沥去水分的蟹苗 1～2 克，逐只过数，凡每千克达到 15 万～18 万只的，说明蟹苗质量好；如蟹苗较小，每千克超过 20 万只，则不能出池运输。

3. 观察外表　质量好的蟹苗，规格整齐，体表呈黄褐色，游泳活泼，爬行敏捷，可将沥去水分的蟹苗用手抓一把，轻轻一握，然后再松手，看蟹苗的活动情况，如立即四处逃散，爬行十分敏捷，则说明蟹苗质量较好。

4. 室内干法模拟试验　称取要出池的蟹苗 1～2 克，用纱布包起来，放在室内阴凉处，经 8～10 小时后检查，若 95%以上的蟹苗都是活的，说明质量好。

第二节 河蟹土池生态育苗模式

河蟹土池生态育苗模式，即利用沿海滩地人工开挖的土池进行河蟹室外育苗的技术。土池育苗易受气候等自然条件的影响，但由于土池育苗过程比较接近自然，其生产的蟹苗经前期的自然淘汰，后期的成活率相对较高，深受河蟹养殖户的喜爱。近几年，河蟹土池育苗在我国沿海各地得到迅速发展。河蟹土池生态育苗产出的蟹苗具有体质健壮、免疫力和抗病力强等特点，形成了质量优势，目前基本取代了室内工厂化育苗模式。

一、育苗土池的选址与建造

1. 选址 要求交通便利，电力供应有保障，海、淡水提取方便且周边无污染源。

2. 苗池建造 育苗池塘面积以 4～6 亩为宜，水深要求达到 1.8～2.2 米；池塘呈长方形南北走向，长宽比 16∶9；堤坝不宜过高（过高易挡风，不利于气体交换），在不影响堤坝稳定性的前提下尽量陡立。如果是在土质较易流失的地方建池，则需要沿水边设 30 厘米高挡泥网。

3. 进排水 进排水用 160～200 毫米直径的聚乙烯管，进水时用孔径 0.36 毫米的袖网过滤，去除小杂鱼及沙蚕等有害生物。育苗期间一般不换水，对进排水的设施要求不高。

4. 增氧设施 采用罗茨鼓风机作为气源，育苗池每 10 亩配每分钟 1.0～1.5 $米^3$ 气量的充气设备（图 2-1）。

在育苗池一侧的池埂上铺设增氧主管道，管道直径 80～100 毫米，主管道可用硬质塑料管或塑料软管，塑料软管与分管道连接处要使用硬质塑料阀门。

在育苗池池底每隔 4～5 米铺设 1 条增氧分管道，分管道用硬质塑料管，管道直径 25 毫米。

充气点采用微孔增氧、打孔增氧或沙头增氧等方法，在育苗池均匀布置充气点，各充气点横向和纵向的间隔为 4～5 米。育苗时供气时间根据不同幼体发育阶段有所变化，一般育苗前期少增氧，中期适当增氧，后期不间断增氧。

图 2-1　土池微孔增氧设施

二、培育池进水时间与消毒

1. 进水时间　春节前 15 天可开始进海水，最迟 3 月 20 日前要进完。

2. 培育池消毒

（1）杀灭敌害动物。布苗前 15 天，用晶体敌百虫（含敌百虫 95%）溶入水后全池泼洒，达到每立方米水体 2 克的浓度，以杀灭鱼类、甲壳类、杂虾和水虱等敌害生物，也可以和茶籽饼一起使用。

（2）杀灭敌害植物性生物。布苗前 10 天，将漂白粉（含有效氯 30%）放入浮网中，浮网用大眼网做成网袋，大眼网孔径为 1～2 毫米，将大眼网与泡沫浮球连接，就成了浮网。在浮网上系上纤绳，将漂白粉倒入浮网中，安排 2 个人在池的两头拉纤，通过抽拉纤绳，漂白粉就均匀地溶解于水体，浓度为每立方米水体 80～100 克，以杀灭池中的有关细菌、藻类等。

（3）挂笼前 5 天左右，将茶籽饼（含皂角甙 10%～15%）粉碎后用水浸泡数小时再稀释全池泼洒，浓度达到每立方米水体 15～20 克，以进一步杀灭鱼类、贝类等。

三、亲蟹的土池培育

1. 池塘条件　池塘位于近海潮上带，靠近海水水源，每个池塘 2～5 亩，进水水质符合 GB 11607 渔业水质标准，水深 1.3～1.6 米。

池塘底质符合《农产品安全质量　无公害水产品产地环境要求》（GB/T 18407.4），土质为泥质或泥沙质。

池塘池形长方形或正方形均可，池塘走向以南北向为宜。

2. 清塘　亲蟹进塘前 1 个月，抽干池塘里的水进行晒塘，用人工或机械清除所有淤泥，每平方米用生石灰 150 克，兑水均匀泼洒。

3. 进水　进海水盐度为 20～28，水深 0.8～1.2 米。海水要过滤，滤网用孔径 200～280 微米的尼龙筛绢做成长袖型，长度 2～6 米。

水体消毒：用含氯 28%～30%的漂白粉，每立方米水体 30～40 克处理水体，一般药效 5～7 天消失。

4. 防逃设施　用厚塑料薄膜或防逃网（孔径 1.5～2.0 毫米筛网），下边埋入土下 5 厘米，防逃网高度 40～50 厘米，上面缝上 20 厘米宽、0.1 毫米以上厚度的塑料薄膜，隔 1.5～2.0 米用 1 根木桩固定，以增加防逃网的稳定性。

5. 亲蟹选择与运输　从湖泊等淡水中捕捉性成熟的亲蟹或通过池塘等水体养殖的亲蟹，都可作为亲蟹来源。亲蟹消毒用 0.1%新洁尔灭溶液药浴 10 分钟；漂白粉每立方米水体 5～10 克药浴 20 分钟。

（1）亲蟹大小及质量　雌蟹体重要求每只在 100 克以上；雄蟹体重要求每只 150 克以上。选择肢全、壳硬、活泼和壳呈墨绿色的亲蟹。

（2）亲蟹运输　用网袋或蒲包均可，规格一般在 40 厘米×60 厘米。装包时把蒲包（袋）浸湿，再把亲蟹轻轻放入蒲包（袋）内，扎紧蒲包（袋）口，使蟹不能爬动，以减少蟹脚脱落及体力的消耗，每袋不超过 10 千克。在运输途中，防止日晒、风吹及雨淋，使亲蟹处于潮湿的环境之中，运输在夜间进行为好，要快装、快运。大雾天气不宜运输。

6. 亲蟹交配

（1）交配水温　水温 13℃左右亲蟹进池，最佳交配水温是 11～13℃。雌雄配比为（2.5～3）：1。交配时间一般每年 11 月中旬至 12 月上旬。越冬养殖密度每平方米 2～3 只。

（2）交配质量控制　由于天气突变，寒流过早来袭，出现交配率低，可在池面搭建临时大棚，池塘水温很快回升，交配情况 1 周内即可好转，交配率达到要求后要将大棚拆除。

（3）雄蟹去除　陆续见到雌蟹抱卵后，要每天观察，发现 95%以上的雌蟹已抱卵，就将雄蟹捕出，只留下雌性抱卵蟹，一般雌雄亲蟹交配后10～20天就可捕捉雄蟹。

7. 越冬管理

（1）水位控制　雌雄亲蟹混养时水位在0.8～1.0米，去除雄蟹后，水位提到1.0～1.2米，进入12月后加至1.5米以上。

（2）投饵品种　以动物性饵料低值贝类、小杂鱼为主，植物性饵料以南瓜、甘薯、玉米和小麦为主。动物性饵料投喂前要清洗、消毒；南瓜、甘薯等块茎类饵料直接切碎后投喂；玉米、小麦等植物性饵料用淡水浸泡，最好蒸煮冷却后投喂。

亲蟹日投饵量为亲蟹体重的1%～5%，视摄食状况和水温决定每天增减量。

（3）提高水位　严冬水面封冰时要及时加水提高水位，水深要达1.5米以上。为确保水体有足够的溶氧量，应坚持每天早上破冰打洞，间隔5米打1个冰洞，每个冰洞直径在1.5米左右。有可能的情况下，池四周全部破开，以保证水中有充足的溶氧。

8. 亲蟹捕取

（1）亲蟹捕取时机　根据土池育苗时间而确定的。如需提前提温的，在确定挂篓前15天左右捕取，进室内或大棚升温培育；无需提温的，待受精卵胚胎发育心跳每分钟120次时直接捕蟹。江苏沿海中部一般在每年的4月5～15日开始捕蟹。

（2）亲蟹捕取方法　用清塘捕捉。亲蟹在挂篓前，用制霉菌素每立方米水体100克浸泡30分钟消毒，清洗后直接挂篓。

四、生物饵料培育

1. 轮虫培育池　池塘大小以0.3～1.3公顷为宜，平均水深在0.6～0.8米，最深的不超过1米。池塘池形以长方形为好，池塘走向以南北向为宜。

清淤时保留10厘米淤泥。池塘消毒，用每立方米水体2克的敌百虫、2克的鱼藤精和80克的漂白粉（含氯量30%），杀灭有害生物。

2. 进水　轮虫池进水盐度为20～28，海水进水时要进行过滤，滤网用尼龙筛绢，孔径为280～400微米。开始进水深度为30～50厘米。

3. 肥水　培育轮虫主要肥料是鸡粪和复合肥。鸡粪来源于养鸡场，复合肥在市场购得。

粪肥要进行发酵，在轮虫池的上风两池角各挖1个发酵坑，发酵坑面积根据轮虫池大小而定。每年12月底，可将无杂质的鸡粪运到发酵坑，坑满后喷洒适量淡水，使粪肥浸湿至用工具挑出粪肥不滴水为宜，后用塑料薄膜把发酵坑顶封好，使其发酵。

肥料的使用量，在接种前20～25天，均匀投撒发酵鸡粪1.5吨/亩，复合肥8千克/亩（分2次使用）。轮虫培养过程中，可根据水体透明度适量适时施用肥料，最终鸡粪用量控制在2.5～3吨/亩。

4. 轮虫接种与休眠卵复活

（1）*接种水温* 当自然水温达到15℃以上时可以接种。接种褶皱臂尾轮虫，要求带卵率30%以上。接种时选择晴天下午水温最高时进行。

（2）*接种水质要求* 池水较肥，透明度在15～20厘米时，就可接种。

（3）*褶皱臂尾轮虫来源* 一是用购得的褶皱臂尾轮虫卵培养；二是用褶皱臂尾轮虫池底泥培养。

（4）*接种量* 培育轮虫新池一般接入轮虫1～5个/毫升即可，如急需轮虫可提高接种密度。

（5）*褶皱臂尾轮虫休眠卵复活* 上一年培养过轮虫的土池一般不用再次接种，水肥后会自然形成优势群体。若要加快培育速度，可用铁链拉动底泥或用水泵冲混池水，把休眠卵搅起来。同时要培育好藻类，透明度为20厘米左右时，也可通过添加适量（一般5厘米左右）海水提高透明度的方法，刺激轮虫休眠卵孵化，促使褶皱臂尾轮虫快速形成优势群体。

5. 褶皱臂尾轮虫培养管理

（1）*保持肥水* 培育褶皱臂尾轮虫的池水必须肥度适中，最好每天有新鲜藻液加入，但接种池水不能过肥。当池水透明度大于40厘米时，这时应补施发酵鸡粪和复合肥，施入量分别为250千克/亩和5千克/亩。

（2）*适度添换水* 当褶皱臂尾轮虫繁殖经过一个高峰期后，必须排出部分老水，加入新鲜肥水，最好是用几个轮虫池的循环水。如有甲、乙、丙3个轮虫池，甲池排水，乙池向甲池供水，丙池向乙池供水，丙池再进新的处理海水，同时要施肥。

6. 纯化藻类 当培育水体迟迟肥不起来时，水中各种藻类竞相繁殖而互相抑制，形不成优势种群，这时用含氯28%～30%的漂白粉，30～40毫克/升处理水体，水中的小球藻首先苏醒，而快速形成优势种群。

7. 防止敌害

（1）药物选用 符合《无公害食品 渔用药物使用准则》NY 5071。

（2）用药量与休药期 轮虫培育池中主要敌害生物是桡足类和沙蚕，用敌百虫2毫克/升杀灭，休药期达15天后方可捕虫。

（3）防缺氧 在低气压或大雾天气，水中溶解氧低于2毫克/升，轮虫池出现下风处水色发红打团，并且褶皱臂尾轮虫下沉，就是缺氧症状，要快速捕虫，并添加新水，或采用增氧设备，也可泼洒增氧剂。

（4）防水发白 轮虫池水肥到一定程度，在高温的情况下，池水会出现乳白色，开始是池边，逐渐向中间发展，池中所有生物出现死亡。在水色透明度低于20厘米时，一定要适量加清水，促使藻类新陈代谢，也可用光合细菌等生物制剂控制。

8. 轮虫捕捞 捕捞时间 当水体褶皱臂尾轮虫密度达到100个/毫升时就可捕虫，适时适量捕虫可延长繁殖高峰期，增加褶皱臂尾轮虫的产出量。一般安排在清晨或傍晚以后较好。

9. 捕捞工具 轮虫收集袋用孔径64微米筛绢做成长度为20～35米、直径为40厘米的长筒形，水泵用2.2千瓦的电动潜水泵。

10. 捕捞方法 把2.2千瓦的电动潜水泵固定在池中间泡沫排上，使泵沉于水下20～30厘米，筛绢筒一端套住泵口，让其充分伸展后；另一端固定在池边处，并用活结扎口，开启潜水泵，将水和褶皱臂尾轮虫一起泵入轮虫收集袋。水从收集袋筛绢的孔隙中流出，褶皱臂尾轮虫留在收集袋中，收获一定时间后关闭电动潜水泵，用人工方法将收集袋中的褶皱臂尾轮虫赶至袋的最末端，充分滤水后，倒出褶皱臂尾轮虫。

11. 装运 用100升聚乙烯桶盛装收集好的褶皱臂尾轮虫，每桶装50～75千克，在温度为18～20℃，需3小时内运至目的地使用。若需较长时间运输，可在聚乙烯桶中加冰袋降温。

五、幼体培育

1. 育苗池的水质调控 布苗前用余氯显色剂测定余氯，如有余氯，用适量的硫代硫酸钠消除。

培育池的单胞藻，主要是小球藻为主的绿藻。每年的3月初在藻类培养室培养小球藻，待育苗池中漂白粉的氯离子消失后，就可向育苗池接种小球藻。

接种小球藻浓度为 60 万个/毫升细胞，300～500 升/亩。一般一边挂篓产幼，一边接种小球藻。

2. 布苗 当蟹卵呈灰色透明、胚胎心跳达每分钟 120～150 次时，将亲蟹装笼，并用每立方米水体 250 毫升的福尔马林浸泡消毒 5 分钟，然后将装有亲蟹的蟹笼置于育苗池浅水区上风处孵化幼体。每亩挂 100 克以上的亲蟹 40 只左右，产幼密度每立方水体 1.5 万～2 万尾。按常规产量 40 千克/亩以上大眼幼体设定产幼密度。

3. 饵料投喂 足量供应轮虫是蟹苗高产的关键，溞状Ⅰ期幼体（Z_1）开口时，可投喂一些虾片和酵母，提笼之后可以适当喂一些轮虫，Z_2后一直投喂轮虫。投喂轮虫时投喂量不能过大，如果轮虫剩余较多，会在培育池中快速繁殖，出现虫压苗的现象，幼体不能正常生长蜕壳，而影响成活率。

投喂轮虫一定要注意轮虫的来源，轮虫的抗药性很强，它能在一定浓度的敌百虫等许多杀虫剂药物中生长繁殖，此时轮虫对于其他动物就是毒饵。

变态到 Z_4～Z_5时，由于幼体食量增加，应增大轮虫投喂量，每天投喂 3～4 次。变态为大眼幼体后，视水质情况可投喂卤虫成虫等。当轮虫数量难以满足需求时，可增加人工颗粒饵料的投喂。

4. 拉网捕苗 当 Z_5变齐大眼幼体第 4 天后，准备拉网捕苗。拉苗网用 20 目窗纱做成，上下有纲绳，上网有浮球，下纲有底脚，高度约 5 米，长度超出池宽 10～15 米，两边用人工拉，最后收网用捞海捞出大眼幼体，略甩水放进桶中运回放进淡化池即可。

六、日常管理

1. 育苗水体维护 土池育苗目前采用深水池塘育苗的方式，盐度和温度一般都没有问题。由于育苗的密度较大，也不采用肥水的方式培育生物饵料。水体维护主要是观察水体的耗损情况，发现水位下降要及时寻找原因，及时添加池水。

2. 苗情观察 每天早上和下午各检查 1 次苗的吃食和活动情况（图 2-2）。河蟹幼体在池中有集聚现象，白天底层多，晚上上层水面多，上风口多于下风口，弱光有趋光性，强光有避光性。幼苗有一定顶流习性，特别是充气头附近，苗的密度很大，过大时对幼苗会有一定的损伤，可增加充气头数量，使幼苗适当分散。

图 2-2　苗情检查

Z_3以后幼体会集群聚在池边，注意观察幼苗搁滩现象，要及时用水将幼苗从滩面引入水体，还要将滩面修复成一定坡度，防止幼苗再次搁滩。

此外，还要观察苗的活力、摄食状况，池中幼体和饵料分布。

3. 水质监测　水质好坏是搞好河蟹育苗的基础，主要从监测水质指标、配备增氧设施、依据水质变化及时加注新水、使用微生态制剂等方式综合控制。以下为具体管理方法：①水质指标监测：使用化学试剂盒进行 pH、氨氮、亚硝酸盐、溶解氧等测定，每天 1 次，每次测量时间为 10:00 左右，以掌握水质情况，并对异常情况做出适当的处理；②使用微生态制剂，育苗后期 pH、氨氮、水色等都有些变化，为保持水质稳定，可适当使用微生态制剂稳定水质，也可适当减少投饵量来调控水质。

4. 增氧设施管理　一般用微孔增氧或充气头增氧，每隔 4～5 米设 1 个充气头，早期蟹苗较小时一般不用开增氧机，到 Z_3～Z_4期无风或风较小时才使用增氧机。每天傍晚打开增氧机，到第二天早上风大时停止使用。Z_4以后则要不间断增氧。

5. 病害防治　以采取预防措施为主，首先是彻底清塘，在布苗前必须对抱卵蟹进行消毒。在轮虫培育过程中，有机肥必须经过发酵后才能使用，以防止病菌感染蟹苗。育苗期间可泼洒生物制剂进行水质改良，分解水中的有机质，降低氨氮、硫化氢等有害成分的浓度，保持水质清新。整个育苗过程投喂轮虫，以促进幼体的蜕壳生长。

七、大眼幼体的淡化

1. 淡化池构造 淡化池一般以方形或长方形为主，面积较小，一般每个池 30～50 米^2，池深 1.4 米左右。常用的淡化池有水泥池和土池两种，土池淡化又分为网箱型和塑料薄膜型。网箱规格为 4.0 米×7.5 米，网深在 1.5 米左右。塑料薄膜型就是将挖好的土池全部采用塑料薄膜覆盖。用增氧机进行增氧，每平方米配 2 个充气头。

2. 放养密度 由于水体小容易控制，又有很强的增氧设施，淡化池放养大眼幼体密度一般较大，每立方米水体 4～6 千克。

3. 淡化时间 大眼幼体进池后要淡化 4 天，通常的判断方法为：用手取出一把蟹苗攥成一团，若能迅速散开，则证明幼体发育良好可以淡化，否则要继续在育苗池培养一段时间。

4. 水体淡化进程 淡化池开始进海水，以后每天换水，每次盐度降低 3～5，到售苗时盐度在 5 左右。每天的换水量在 30%～150%。

5. 饵料投喂情况 淡化期的幼体摄食量很大，消化很快，所以要经常投喂，饵料主要是投轮虫，轮虫量不够时，可投喂部分冷冻轮虫、桡足类等饵料。一般 3～4 小时投喂 1 次，每次投喂量是蟹苗体重的 0.5%～1%。要经常查看，根据水池中饵料的欠缺情况适当调整投喂量。

颗粒饲料、冻轮虫的投喂：在刮风下雨天气、轮虫和海水溞不能满足的情况下，可以用颗粒饲料、冻轮虫代替，但投喂量比轮虫要少。

6. 水质监测 由于是天然池育苗，淡化池的水温基本与育苗池一样，无需调整。淡化时盐度控制在 18 左右，然后逐渐加入淡水进行淡化，盐度的改变幅度应小，每次降低 3～5，多次调节后，出苗前达 5 以下的目标值。淡化池由于大眼幼体密度过高，要注意增氧设施的应用，同时，由于投饵量较大，排泄物较多，要注意水质监测。

八、出苗

出苗多在晚上进行，用大抄网从淡化池取出蟹苗，沥干水分后称重出售。

九、运输

运苗多在夜间进行，可用组合苗箱、泡沫箱和氧气袋等运送蟹苗。要根据运送路程的长短，采用相应的运苗设备。2小时能到达的距离，采用一般的运苗工具，只要注意保湿和防风吹雨淋即可；超过2小时距离的路程，要用保温车加冰块降温运输。

十、河蟹土池生态育苗的实例

业主：唐玉江；单位名称：盐城市海明峰水产有限公司；育苗地点：射阳县射阳港发电厂北侧六标段。

1. 设施概要

（1）育苗模式　土池生态育苗。

（2）育苗池数量、面积　52个池口，净水面130亩。

（3）池塘规格　长40～55米、宽35米，池底宽30米、水深2.0～2.2米。

（4）池塘走向　南北走向。

（5）轮虫培育池　150亩轮虫培育池。

2. 具体措施

（1）布苗　2014年4月10日挂篓，根据天气升温情况酌情而定。

（2）亲蟹规格与数量　100克以上亲蟹，每亩挂45只左右。

（3）肥水　挂篓前接种小球藻，接种400升/亩，挂篓时池水透明度70～80厘米。

（4）增氧　20米^{2}配1个充气头。

（5）投饵　早期投一些虾片和酵母，以后全程投喂轮虫。

（6）水质控制　育苗后期使用“超爽2号”等药剂调节水质。

（7）温度调节　随自然水温而定。

（8）防病　后期主要控制水质，预防聚宿虫。

3. 收获

（1）出苗时间　2014年5月10日出苗。

（2）总产量　6 000多千克蟹苗，平均每亩出苗50多千克，少数池塘亩产达60千克以上，产值170余万元，平均亩产值1.2万元以上。

第三节　河蟹土池大棚生态育苗模式

作为河蟹人工育苗的新型方法及有效途径，土池大棚生态育苗模式因其投资少、风险小、蟹苗质量好而备受业界关注，发展十分迅速。目前，在国内沿海地区已陆续形成多处规模不等的土池大棚生态育苗生产基地。

经过实践证明，长江中下游地区每年3月中旬至4月中旬，平均水温在8～12℃时，采用塑料大棚土池育蟹苗，既利于幼体的生长发育，又利于防止敌害生物的侵入，以提高蟹苗的质量和成活率。

一、场址的选择与大棚池结构

1. 选址　选址临近海水水源，要求水质清新，不受污染，交通方便、保障供电、淡水水源方便的地方。

2. 育苗池的结构　育苗池开挖以南北向为宜，每个池面积在1亩左右，池长65米、宽12米，深度一般在2.0～2.2米，池底宽7米。

采用充气石充气，一般每0.8～1.0米^{2}1只，用竹签绑好固定于池底，气石悬在离底5～8厘米处。或采用微孔增氧管充气1米长为1个单位，可水平设置也可垂直设计，水平和垂直距离2～3米。微孔增氧管距池底5～8厘米。

池壁四周用石灰和泥土的混合料夯实、抹平池一端设有进水口，另一端设有出水口，出水口用聚乙烯网拦好，防止排水时幼体逃逸。

3. 大棚搭建　在土池中设立3排毛竹立柱，纵向立柱间用毛竹相连，将横向的立柱顶端与毛竹做成的拱梁连接，再将拱梁的两端固定到池边的固定桩。池边的固定桩用短木桩深埋，将拱梁两端与固定木桩绑牢（图2-3）。

在大棚池的四周挖好排水浅沟，并在浅沟中埋下固定绳索的地锚，棚架上覆盖0.1～0.12毫米厚的聚乙烯薄膜，聚乙烯薄膜四周边缘埋于排水沟，绷紧薄膜后在棚架的两个拱梁之间压1根直径1厘米的聚乙烯绳索，绳索两头扣牢在浅沟的地锚上。

图 2-3　大棚构架图

二、清池与消毒

1. 生石灰清池和消毒　清池一般用生石灰 75～100 千克/亩，将池水排放到 10～20 厘米深，然后全池均匀地泼洒生石灰，清池后 10～15 天方能使用。

2. 漂白粉清池和消毒　若池中有水，按 100 毫克/千克浓度泼洒全池。若无水，按 6～10 千克/亩施用。

三、辅助设施

1. 跳板　土池挖好后，在池中央搭一行跳板，用于投喂、观察等。

2. 增氧管　在池中立柱上布 2 排增氧主管道，每间隔 1 米打一气孔，便于向充气头或微孔增氧管供气。

3. 棚架覆盖薄膜　选用 12 丝的透明聚乙烯薄膜，自然水温在 8℃就可覆盖。

四、水质管理

1. 水深　大棚搭建后采用逐步进水，也可用晒水池晒水，14:00～15:00 将温度较高的水引入池中。

2. 水温控制

(1) 水温控制在18～23℃，最佳温度22℃。大棚覆盖后，池中水温1天可提高1℃，8～10天后就可挂篓孵幼。增氧机正常开着，增加溶氧，并使池水上下充分对流，防止温度上下分层。

(2) 正常情况下，池内水温一般在18～19℃，这对幼体的变态等均无影响。在育苗后期遇到天气闷热、光线强烈时，池内水温会在3小时左右上升5～6℃。此时，不要用换水方法降温，应立即打开所有通风口，或将大棚背阳一面薄膜卷起小半面，此法可逐渐降低棚内水温。待傍晚恢复原温度时，再将薄膜放下，适当开一些通风口。也可覆盖遮阳网，来降低棚中池水温度。

3. 肥水 布池前5天，在各培育池内开始适当充气，施肥进行藻类培养，其营养盐日用量硝酸钾为5毫克/升、磷酸二氢钾为0.5毫克/升，以后视水色情况而定。

4. 水位 布池时培育池水位控制在2.0～2.2米。

5. 换水 由于土池吸污能力较强，所以Z_4前一般不用换水。有条件的，可视水质情况适当换水。

6. 水质控制 育苗后期，可用光合细菌和调水宝等进行水质调控，但不能与抗生素等药剂同时使用。

五、饵料培养

大棚育苗主要投喂轮虫，要根据育苗的面积配套适当面积的轮虫培育池，一般育苗大棚与轮虫池的面积比为1∶2.5。

六、交配、越冬及促产

1. 亲蟹的选择

(1) 要求个体健壮、活力强、附肢齐全、无伤，规格最好在100克以上的2秋龄绿蟹为亲蟹，雌雄比例为(2～3)∶1，放养量为每立方米水体2～3只，选留配对时间在立冬前。

(2) 选择亲蟹后，水温在11～13℃，即可将亲蟹放入海水交配，盐度最好在20以上，交配后抱卵率达80%以上时，即可将雄蟹逐步取出。

2. 亲蟹越冬

(1) 投饵　合理投喂杂鱼、蚌蛤肉、蔬菜和麦芽等饵料。

(2) 水质管理　水温高于10℃，适量换水或添加水；10℃以下一般不换水，冬季水面封冰时要及时破冰增氧。

3. 亲蟹提温促产　亲蟹挂篓前45天，将抱卵蟹从亲蟹越冬池取出，清洗消毒后移入大棚升温，温度升至16～18℃，根据受精卵发育情况调节温度。用显微镜每天检查胚胎发育情况，卵黄呈蝴蝶形状，胚胎出现眼点，心脏跳动每分钟120次以上，进入原溞状幼体阶段，预示着溞状幼体将临近出膜，这时做好亲蟹孵幼的各项准备工作，即可将促产抱卵蟹入笼消毒，进行布池排幼。

七、幼体培育

1. 布苗　棚内水温正常在17～18℃时，布苗时水深2.0～2.2米，布苗用蟹笼规格最好为0.6米×0.8米×1.0米，每笼装亲蟹40只。入笼前要进行蟹体消毒，每亩大棚布120～150只体重在100克以上的抱卵蟹。布苗宜在晚间进行，傍晚天黑之前将育苗用水准备好，调好水温、盐度和水位，天黑将亲蟹笼移入育苗池开始布苗。布苗密度为每立方米水体6万～8万尾，一旦达到密度后，立即将亲蟹移出。

2. 饵料投喂　Z_1前2天，主要依靠育苗池肥水满足幼体摄食需要，适当投喂少量酵母；Z_1 2天后，全部投喂活轮虫，根据检查情况每天足量投喂，轮虫日投喂密度1 000个/升为宜。随着蟹苗的发育阶段逐日酌增，使育苗池内轮虫量不低于3 000个/升，以保证育苗期间充足供应。但轮虫的投喂量也不能过大，过大会影响蟹苗的正常发育。

八、病害防治

疾病以预防为主。生产用具等均要经过严格消毒后再使用。布池施1～2毫克/升土霉素、Z_1～Z_2以食母生及氟哌酸1.5毫克/升交替使用。Z_3～Z_5期间用环丙沙星1～2毫克/升（每2天预防1次），以控制有害菌的发生。

九、勤观察，做好日常管理工作

1. 定时巡塘　坚持每天早、中、晚巡塘3次，观察饲料台以准确掌握河蟹的摄食情况；每天测量水体溶解氧、亚硝酸盐、氨态氮、pH 等理化因子及池水中浮游生物量，做好详细记录。

2. 加强日常管理工作 实施饲料、药品进货及使用登记制度，渔药、添加剂要在技术员的指导下使用，禁用农业部《食品动物禁用的兽药及其它化合物清单》中的药物，确保在生产环节中达到无公害水产品的要求。

十、河蟹土池大棚生态育苗实例

业主：朱平；单位名称：射阳县朱平水产苗种有限公司；育苗地点：射阳县射阳港北侧。

1. 设施概要

(1) 育苗模式 土池大棚生态育苗。

(2) 育苗大棚数量、面积 大棚 9 个，共 9 亩。

(3) 大棚池规格 长 65 米、宽 12 米，池底宽 7 米，水深 2.0～2.2 米。

(4) 大棚走向 南北走向，东西走向会因日出日落产生蟹苗东西集聚过密，而影响成活率。

(5) 轮虫培育池 配套 18 亩大棚轮虫培育池。

2. 具体措施

(1) 布苗 3 月底挂篓放幼。

(2) 亲蟹规格与数量 体重 100 克以上的亲蟹，每亩挂 150 只。

(3) 肥水 挂篓前肥水接种小球藻，挂篓时池水透明度 50 厘米。

(4) 增氧 1 米^2 配 2 个气头。

(5) 投饵 早期投一点虾片和酵母，以后全程投喂轮虫。

(6) 水质控制 育苗后期使用“调水宝”等药剂调节水质。

(7) 温度调节 使用遮阳网，将棚内水温控制在 23℃以下。

(8) 防病 后期主要预防聚宿虫，投入饵料要消毒，使用聚维酮碘清洗饵料。

3. 收获

(1) 2014 年 4 月 22 日出苗，出苗时间比土池提早 20 天左右，满足江苏南部等地区的需求。

(2) 总产量 1 050 千克蟹苗，每亩出苗 110 多千克，产值 70 余万元，亩产值近 8 万元。

第三章 河蟹优质蟹种培育模式

优质蟹种培育，是指蟹苗（大眼幼体）在良好的生态环境条件下育成规格适宜的蟹种全部过程。这一过程为期6～9个月，其中，蟹苗饲养25～30天，经过蜕皮（壳）3～5次，规格达到1万～1.5万只/千克，称为仔蟹培育阶段。此期的仔蟹似黄豆大小，故也称豆蟹。豆蟹以后，经在同塘或分塘饲养到当年年底或翌年2～3月，大部分幼蟹规格在100～240只/千克，称为1龄幼蟹或蟹种，其甲壳似大衣纽扣大小，故俗称扣蟹。

第一节 江南优质蟹种培育模式

河蟹养殖业的迅猛发展，渔民已有丰富的养殖经验和较高的技术水平，普遍认识到外地购买的蟹种存在长途运输易损伤、环境差异有应激反应、质量难以追溯等缺点，越来越倾向于选用本地的自育蟹种进行成蟹养殖，这使得蟹种培育业在本地区得以蓬勃发展。这里介绍一种江南地区特色的优质蟹种生态高效培育技术。

一、池塘准备

1. 池塘条件 蟹种培育池塘土壤应选择以黏壤土为好，一般东西走向，呈狭长形，池底平整。面积以1～2亩为宜，便于养殖管理。池埂宽2米以上，坡比1：（2.5～3），同时要求水源充足、水质良好，池深1.2～1.5米。防止蟹种在池坡上打洞造成塘埂坍塌而影响生长，在池塘底部沿埂四周挖宽10厘米、深20厘米的深沟，将银鱼网布的底端埋入沟中，再把网布拉直平铺在池坡上，网布顶端覆上泥土。

2. 池塘清淤消毒 若是老塘，则要清除池底过多淤泥，使淤泥厚度在10

厘米以下，并充分曝晒1个月后，进行池塘消毒。用生石灰400千克/亩兑水全池泼洒，翌日耕耙底泥，提高生石灰的功效。然后加满池水浸泡2～3天，不但能彻底杀灭野杂鱼等敌害生物及各种病原菌，而且可以改善池底土质，并增加水中钙离子的含量，有利于蟹种的蜕壳生长。放苗之前，最好使用青苔药物全池泼洒，以严防青苔的疯长。

3. 安装防逃设施 可选用地砖、钙塑板、聚乙烯网布、水泥板和玻璃钢等材料，但使用最广泛、效果最好的还是钙塑板和聚乙烯网布建造的综合防逃设施。建造方法：在池塘底部沿埂四周挖宽10厘米、深20厘米的深沟，将聚乙烯网布的底端埋入沟中，再把网布拉直平铺在池坡上，网布顶端覆上泥土，防止蟹种在池坡上打洞影响生长。同时，沿埂四周用高1.4米的聚乙烯网布架设防逃设施，网布内侧贴一层塑料板，既可防止蟹种外逃，又可防止敌害生物侵入。在防逃设施外侧，再用钙塑板沿埂边围成1圈，每隔3米用1根木桩固定，拐角处一定为弧形。进、出水口也是防逃设施的关键，可用密眼铁丝网来遮挡。

4. 安装微孔增氧设施 微孔管道增氧具有溶氧分布均匀、增氧效果好的特点，一般每亩池塘配套功率0.15～0.18千瓦的罗茨鼓风机。增氧管道安装方法为：总供气管道采用直径为60毫米的硬质塑料管，支供气管道采用直径为12毫米的微孔橡胶管。将总供气管呈南北向架设在池塘中间上部，高于池底130～140厘米；支供气管道一般长度为3～5米，采取条式铺设，间距在4～6米。支供气管道一端接到总供气管上，另一端连接微孔管；微孔管水平铺设在高于池底10～15厘米处，并用竹桩固定在距池埂1米远处。

5. 种植复合型水草 水草栽种时间可在池塘消毒结束后3～7天。适宜在蟹种池种植的水草，主要是挺水植物——水花生、沉水植物——伊乐藻和漂浮植物——浮萍等多品种，最佳移植的水草应属水花生，其他水草在培育池中虽很适宜，但到后期均会出现不同程度的烂草现象。种植方式：水花生采用“条式”栽种，间距在2米左右，水花生带宽10～20厘米，并打桩用绳固定，防止水花生随风漂浮；伊乐藻栽种镶嵌在水花生带之间，株距1.5米；浮萍待河沟、湖泊等自然长出后，接种到池塘中，水草覆盖率不超过池塘水面的60%左右。此种方式改变以往水花生培育蟹种的单一水草栽种模式，弥补水花生水下空间利用率低且生长速度过快、容易造成“封塘”的不足，为蟹种提供丰富的植物性饵料和更加舒适的生长环境。

6. 水质培育 可选用商品有机肥或氨基酸肥水膏等作为水质培育的肥料。

在蟹苗放养前8～10天，用40目的筛绢过滤进水，以防野杂鱼类和敌害生物进入池内，进水深度为30厘米。同时，使用经发酵过的猪粪、鸡粪等传统有机肥80～120千克/亩或者施生物有机肥50千克/亩，以培育浮游生物，为蟹苗提供开口饵料。

二、蟹苗放养

1. 大眼幼体来源　主要来自天然苗和人工苗，人工苗又有土池苗和工厂化苗。人工苗应选购优质、经过淡化的长江水系中华绒螯蟹苗。一般采取“选送亲本、定点繁苗”的方法，挑选规格在125克/只以上的雌蟹，175克/只以上的雄蟹，送蟹苗繁育场进行土池繁苗。大眼幼体质量鉴别：体色呈淡黄色，透明有光泽，行动敏捷，规格为14万～16万尾/千克。轻抓一把松手立即四处散开，这样的蟹苗质量较好，放养后成活率较高；反之，则质量较差。

2. 大眼幼体运输　运输过程主要采取干法运输，用自制的60厘米×40厘米×8厘米长方体木箱运输。箱框四周各开1个窗孔，箱框和箱子底部安装网纱，防止蟹苗逃逸。每只木箱可装蟹苗0.8～1千克，10～15个箱体垒放成一叠，最下层不放苗，便于透气。并用潮湿的毛巾覆盖在木箱外部，有利于保持箱体在运输过程中的湿度。运输时间最好在夜间，使蟹苗在清晨下塘，若运输时间长，可定时用喷雾器喷水。

3. 放养密度　通常按蟹苗重量计算，一般放养量为0.5～0.8千克/亩。如养殖水平较高，也可适当多放一些，最多可放1～1.5千克/亩。

4. 放养方法　通常在池水温度达到20℃后进行放苗。放苗前2小时，打开微孔管道增氧设施（或泼洒粒粒氧）进行全池增氧。放养时，先剔除死苗，再将蟹苗箱浸入水中1分钟后提起，如此反复3～5次，使蟹苗逐渐适应池塘水温，然后将蟹苗均匀抛洒在池中，便于提高成活率。

三、饵料投喂

最佳适口饵料的选择，是大眼幼体取得较高回捕率的关键因素之一。大眼幼体的开口饵料以轮虫为主，轮虫丰富的塘口，可到仔蟹Ⅱ期后开始投喂；轮虫较少的塘口，在蟹苗下塘3小时内即应投饵。饵料以颗粒饲料为主，豆浆、熟蛋黄和鱼糜为辅，蟹苗下塘10天内，先用蛋白含量为42%的颗粒饲料投喂，然后用蛋白含量为38%的颗粒饲料投喂。日投喂量为蟹体重的100%～300%，每天投喂6次，随着蟹苗的逐渐长大，根据饵料生物数量和幼蟹变态情况，逐步调整投饵量和投饵次数，使日饵料投喂量减少到蟹体重的5%左右，投喂次数逐渐减少到2次。投喂时应全池均匀撒投，在水草密集处须重点投喂。同时，应根据天气、水质和前一天的摄食情况灵活掌握，做到既要让蟹苗吃饱吃好，又不至于因过多投饵造成浪费和败坏池塘底质。

1龄蟹种培育阶段，饵料以蛋白含量在34%的颗粒饲料为主，日投饵量在蟹种体重的5%左右，每天投喂2次。

四、日常管理

1. 水质管理 良好的水域环境不仅适宜河蟹生存，而且有利于河蟹处于最适生长条件下快速生长。为此，要加强水质管理，确保池塘有充足的溶氧、适宜的pH和清新的水体。①水位调节。5～6月水位控制在40厘米左右；7～8月水位控制在1米以上；9～10月，温度低于30℃后，水位降至80厘米左右；11月底温度较低时，再加水至85～90厘米。②水质调节。采取“早期勤换水，中期少换水，后期不换水”的方法，使水体透明度保持在30厘米左右。7～9月，每7～10天用生物制剂和底质改良剂调水1次、改底1次；4～9月，每月定期使用15毫克/升生石灰泼洒全池，调节水体酸碱度，抑制病菌繁殖；使池水保持“肥、活、嫩、爽”。

2. 适时增氧 溶氧是制约蟹苗蜕壳生长的关键因素，及时开启微孔管道增氧设施，可促进蟹苗长大、长快、长好。在幼蟹快速生长的5～10月，一般掌握：正常天气半夜开机至翌日黎明，闷热天气傍晚开机至翌日黎明，阴雨天全天开机；进入11月以后，幼蟹密度高，每亩都在100千克以上，遇到雾天尤其需要增氧。

3. 水草管理 水草不仅是蟹苗栖息、避敌蜕壳、防暑降温的场所，而且能进行光合作用净化水质、增加水体溶氧，还是蟹苗喜食的植物性饵料，对蟹苗有一定的药理作用，因此应加强水草管理。在调好水位水质的基础上，重点加强水草管理，前期做好培水育草，中期做好管水长草，后期做好加水保草。夏秋季节加水要适量，以能看见水下的水草为度，防止水草因缺少光照而腐烂。水花生在池塘中要定期进行翻动，把生长茂盛的水花生翻到水下，供蟹种摄食生长；把水下的水花生翻到水上，增加光照，促进生长。

4. 病害防治 坚持以防为主、防重于治的方针。在高温季节，每月定期使用1次生石灰，亩用量为3千克，抑制病菌繁殖。5月底至6月初，用硫酸锌和碘制剂进行水体杀虫消毒；7～9月，7～10天用生物制剂调水、改底1次；10月，投喂中草药饵以增强免疫力，促进蟹种健康生长。

5. 敌害防治 蟹苗生长过程中的主要敌害是老鼠、蛇、青蛙、黄鳝和水鸟等，可用较密的筛绢扎好池塘进出水口，加固压实池埂，堵塞鼠洞，发现青蛙、黄鳝、水蛇等敌害生物及时捕捉，遇到蛙卵立即捞除。

6. 巡塘 坚持早、中、晚巡塘，检查池塘设施、蟹种活动和水质变化等情况，并做好记录，发现问题及时采取应对措施。

五、早熟蟹的控制

幼蟹密度过小、规格不整齐、投喂不均，是早熟蟹增加的原因之一。为减少幼蟹早熟，蟹苗下塘后要观察生长发育状况。如果出苗率过低，要及时清塘重新补苗或补充同规格苗源，保证每亩出苗达6万～8万只。到幼蟹Ⅳ期或幼蟹Ⅴ期规格整齐且长势优先时，投饵应荤素搭配，投喂要均匀，防止饵料不足导致幼蟹相互残杀。8月中旬前后，常见有幼蟹早熟现象。早熟蟹性凶猛，摄食量大，常以幼蟹为食，极易影响扣蟹的产量，应及时捕捉，以避其害。

六、蟹种捕捞

蟹种捕捞一般自10月下旬开始，以防寒冷天气或结冰增加蟹种捕捞难度。蟹种的捕捞方式有4种：①堆草捕捞，利用蟹种喜欢钻草堆的习性，将池塘中漂浮的水花生在近岸处打堆，然后可直接用抄网进行捕捞，采用这种方法捕出的蟹种可占总回捕量的70%；②放水捕捞，利用蟹种顺水爬行的习性，在出水口安装捕蟹网进行捕捞，反复几次，即可将大部分蟹种捕捞上来；③冲水捕捞，在采取以上两种捕捞方法后，对剩余的蟹种可通过向池塘中冲水的方法，利用水流刺激蟹种活动，使其钻进事先放置的地笼中；④干塘捕捞，利用河蟹夜间出来觅食的活动习性，采取徒手捕捉或用铁锹挖出潜伏在洞穴中的蟹种，这样就能基本捕净。蟹种起捕后，分规格置于网箱中暂养，以清除扣蟹排泄物、附着物及淤泥等，达到清洁蟹体的目的，以进一步提高蟹种成活率。

七、养殖实例

金坛市金城镇沈渎村养殖户孙秋生，2013年采用该模式，情况介绍如下：

1. 池塘条件 池塘东西向长方形，土质为黑黏土，池塘平底形，面积12亩分为3个塘，分别是3亩、4.6亩和4.4亩，池埂宽2.2米，坡比1∶2，且靠近水源，排灌方便。

2. 清塘消毒 3月中下旬，用人工的方法排干池水、去除淤泥，曝晒20～30天后，注水10～20厘米，亩用450千克生石灰兑水泼洒全池，翌日耕耙底泥，提高生石灰的功效，然后加满池水浸泡2～3天，以杀灭池塘中的有害生物。

3. 安装微孔管道 总供气管呈南北向架设在池塘中间，支供气管道采取条式铺设，间距在4～6米，充氧泵安装功率0.15～0.2千瓦/亩。此方式溶氧分布均匀，增氧效果好，还可有效防止蟹种在夜间或阴雨天气缺氧。

4. 防逃设施 本着“防逃效果好、持久耐用、成本低廉”的原则，设置2道围栏。外层用硬质塑料板沿埂边围成1圈，每隔4～5米用木桩固定，安装高度高出塘埂40～50厘米；内层用聚乙烯网片沿塘四周围成高度为1.2米的防逃设施。

5. 水质培育 按照蟹苗下塘时间，在蟹苗放养前8～10天，用40目的筛绢过滤进水30厘米。同时，选用商品有机肥或氨基酸肥水膏等，用量50千克/亩，施肥需一次施足，确保在蟹苗放养前水体能培养出足够的浮游动物，作为蟹苗的基础饵料。

6. 水草种植 4月底前，距池埂1米，沿池种植宽4米、厚50厘米的水花生带，间隙处栽插伊乐藻、轮叶黑藻，确保蟹苗放养前水草的覆盖面占池塘面积的50%～70%。

7. 蟹苗放养 5月中旬，挑选体质健壮、色泽好、规格在14万～16万尾/千克的大眼幼体，在夜间用60厘米×40厘米×8厘米长方体蟹苗箱运输，选择清晨将蟹苗下塘。下塘前将蟹苗浸水3～5次，使蟹苗逐渐适应池塘水温后下塘，放养量1.5千克/亩。放养时，打开微孔管道增氧设施进行全池增氧，先剔除死苗，再用手将蟹苗均匀抛洒在池中。

8. 饵料投喂 蟹苗下塘立即投喂豆浆、熟蛋黄拌水泼洒，1周后投喂粒径较小、蛋白含量38%的蟹种专用饲料；20天后投喂蛋白含量35%左右的颗粒饲料，高温季节，投喂蛋白含量30%左右的颗粒饲料，适当搭配小麦和玉米等植物性饵料。根据饵料生物数量和幼蟹变态情况，逐步调整投饵量和投饵次数。投喂次数为前期每天投喂6次，逐渐减少到2次。在傍晚前后投喂，投喂时应全池均匀撒投，在水草密集处须重点投喂。

9. 水质管理

（1）水位调节　5月水位保持在40厘米左右；6月逐步添加至60厘米；7月中旬进入高温季节，水位应加至100厘米以上；9月温度低于30℃后，水位降至80厘米左右；10月降至70厘米左右；11月底温度较低时，再加水至85～90厘米。

（2）水质调节　采取"早期勤换水、中期少换水、后期不换水"的方法，使水体透明度保持在30厘米左右。高温季节，每7～10天每亩用EM原露1千克泼洒1次，使池水保持"肥、活、嫩、爽"。

10. 适时增氧　在幼蟹快速生长的5～10月，坚持每天增氧，增氧时间一般保持在10小时左右。夏季正常天气半夜开，闷热天气及时开，夏秋季阴雨天全天开，冬季雾天还要开，确保水体溶氧充足。

11. 病虫害防治　5～9月，每月用3千克生石灰泼洒全池，抑制病菌繁殖。6月，用碘制剂进行水体消毒1次；9月，用硫酸锌杀纤毛虫1次。同时，加固压实池埂，堵塞鼠洞，发现青蛙、黄鳝、水蛇等敌害生物及时捕捉，遇到蛙卵立即捞除。

12. 蟹种捕捞　采取水花生下抄捞的方式捕取蟹种，将池塘中漂浮的水花生在近岸处打堆，蟹种会自行钻入草堆中，起捕时，可直接用网兜进行抄捕。采用这种方法捕出的蟹种，可占总回捕量的70%。然后，用水泵往池塘中冲水，蟹种遇水流会活动频繁，这时即可下地笼捕捉。最后，排干池水人工下塘捕捉。

13. 效益　该培育模式共捕获蟹种1 992千克，平均亩产蟹种165千克，规格在60～100只/千克的优质蟹种1.5万～1.8万只，总产值21.912万元，除去成本7.152万元，总效益14.76万元，平均亩效益1.23万元。

第二节　江北优质蟹种培育模式

长江以北地区有培育蟹种专业场（基地）或专业户，也有成蟹养殖大户自己另塘培育蟹种，实行自育自养。培育蟹种的蟹苗，大部分来源于沿海室外土池生态育苗，也有少部分购买长江天然捕捞的蟹苗。蟹种培育，主要有土池生态培育和稻田培育。经过科技人员近几年的不断探索和创新，优质蟹种培育技术已基本成熟，目前水平已达到亩放蟹苗 1.5～2.5 千克，培育的蟹种规格 100～200 只/千克，亩产蟹种 3 万～4 万只（100～150 千克/亩），早熟蟹比例小于 10%。

一、操作技术

1. 蟹种池建设

（1）环境条件　蟹种培育池应选择在靠近水源，水量充沛，进排水方便的地方，要求圩堤具有较好的防洪保水能力，不会发生易涝易旱的状况。同时要求水质良好，无任何工农业污染源，水源水质必须达到国家渔业水质标准。土质为非盐碱地，并以壤土为佳。蟹种培育场（基地）要求交通便利，便于蟹种的运输销售。水、电等生产、生活基础设施基本配套。

（2）池塘建设　蟹种池分“单一式培育池”和“组合式培育池”两种。前者在培育成仔蟹后，再捕出分养或销售；后者由一级池（又称仔蟹培育池）和二级池（又称 1 龄蟹种池或扣蟹池）组合而成，培育成仔蟹后，再扩大到二级池饲养成 1 龄蟹种。长江以北地区培育蟹种主要以土池和稻田为主，大多以开挖环沟作为仔蟹培育池，蟹苗在环沟中饲养 25～30 天后，直接漫水将仔蟹进入大塘（田）中育成蟹种，池塘一般不分一级池和二级池。

新开蟹种培育池一般要求在严冬来临前开挖结束，经过冬季雨水浸泡及冷冻，池埂土壤疏松便于春季整修与夯实，确保池埂不漏水、不渗水。

①土池：蟹种培育池塘为长方形，东西走向，单只池面积以 5 亩左右为宜，池塘坡比 1∶（2～3）。根据幼蟹的生活习性，考虑到投饵和幼蟹捕捞操作便利，培育池池底采用锅底形结构，形成浅水区和深水区。一般在池塘一侧开挖沟渠培育仔蟹，在池埂底内侧预留 0.8～1 米宽的平台，沟面宽 3～5 米、深 0.6～0.8 米、底宽 2～3 米。

②稻田：育蟹种稻田田块面积不限，2～5 亩为宜，最好集中连片（图 3-1）。稻田需离田埂 2～3 米的内侧四周开挖环沟，沟宽 2～4 米、深 0.6～0.8 米；较大田块需挖田间沟，呈十字或井字形，开挖的面积占稻田总面积的 5%～10%，所挖出的土用于加高加固田埂，施工时要压实夯牢。具体见图 3-1。

图 3-1 育蟹种稻田

（3）进、出水口 进水口设在池塘的一端，出水口在池塘的另一端，池底由进水口一端向出水口一端设有1%左右的比降，便于在出水口将池水全部排出。进、出水口用较密的铁丝网或塑料网封好，以防蟹种逃逸和敌害随水进入。

（4）防逃设施 土池和稻田培育蟹种都要建设双层防逃设施，外层防逃网在惊蛰后，用4目的聚乙烯网片将池塘（或稻田）四周围起，网底部埋入土内20厘米，网高1米左右，以防止青蛙、癞蛤蟆、水蛇和小龙虾等敌害生物爬入蟹种池内。

在聚乙烯网片的外层防逃网内侧相隔1～2米处建第二道防逃墙，要求高50～60厘米，埋入土内10～20厘米，有水泥板、石棉瓦、硬质钙塑板等材料，用木、竹桩支撑固定，细铁丝扎牢，两块板接头处要紧密，不能留缝隙，四角建成弧形。

2. 放苗前准备

（1）彻底清塘 在3月中旬以前，排干池水，清除环沟中过多的淤泥，修整池埂，填好漏洞和裂缝，留有充足的时间曝晒池底，然后全池注水，用药物消毒。以杀灭池内敌害生物，尤其是老蟹种池，残留的蟹种一定要全部杀灭，否则自相残杀相当严重。清塘消毒的常用药物有生石灰、漂白粉等，选择晴好天气每亩用150～200千克生石灰或有效氯含量在30%的漂白粉20～30千克化水全池泼洒，泼洒药物的当晚及翌日要巡塘，人工清除逃到岸边的敌害生物。

（2）施肥培水　初下塘的蟹苗最容易因缺乏鲜活的适口饵料而死亡，而水溞则是蟹苗最佳的适口饵料。为此，必须确保蟹苗下塘水中的水溞达到高峰期，这是提高蟹苗成活率的关键措施。在放苗前7～10天，每亩沿仔蟹池（环沟）四周施用腐熟发酵的有机肥（鸡粪、猪粪、羊粪）150～250千克，最好采取将肥料装入塑料编织袋中，在袋上戳一些洞。如遇水质过浓，可方便取出，同时在放苗前进行1次水质化验，测定水中氨氮、亚硝酸盐、pH。如有问题应及时将老水抽掉，换注新水，调节水质。

（3）移栽水草　水生植物不仅为幼蟹提供栖息、蜕壳的环境，提供新鲜适口的植物性饵料，而且吸收池中的营养盐类，避免水质恶化，同时，由于绿色植物的光合作用，可增加水体的溶氧。一般从4月下旬开始，在环沟深水区移栽水草，品种有伊乐藻、金鱼藻和轮叶黑藻等，每平方米种4束（每束10～15株）左右，环沟水面上设置水花生带，用细竹拦住固定，不让其随风飘移，水草移植面积占总面积的50%～60%。

（4）配套微孔管道增氧设施　为提高蟹种培育产量，有条件的可在培育池中安装微孔管道增氧设施。每亩配套功率为0.22千瓦左右，如10亩以下、5亩以上的培育池配备2.2千瓦的气泵1台，外加内径75毫米的总供气管和内径12毫米的微孔管。安装方法为：将总供气管架设在池塘中间，高出池水30～50厘米，南北向贯穿整个池塘，在总供气管两侧，每间隔10米水平设置1条微孔管，一端接在总供气管上，另一端则延伸至离池边1米处，并用竹桩将微孔管固定在离池底10～15厘米处。

（5）检查准备工作到位情况　蟹苗下塘必须达到：①水生植物不少于整个池塘水面的50%；②水溞成团，但不呈红色；③水清见底，pH7～8.5，溶解氧5毫克/升以上；④无蝌蚪、青蛙、水蛇、杂鱼、小龙虾等敌害生物；⑤做好蟹苗的接运工作，蟹苗运输必须各环节扣紧，密切配合，做到“人等苗、车等苗、塘等苗”。

3. 蟹苗放养

（1）蟹苗质量要求　优质蟹苗生产，必须对繁殖的亲本蟹及其培育、交配、抱卵、孵化、幼体培育和淡化等过程有严格的要求。要求亲本蟹为长江水系中华绒螯蟹，最好是长江水系中华绒螯蟹原种场提供的亲本蟹，雌蟹规格125克以上、雄蟹规格150克以上。亲本蟹要求体质健壮，无病无伤，并尽量避免近亲交配，对每批大眼幼体的质量确认，要从抱卵亲蟹的挂篓、幼体的变态发育、饵料投喂、病害防治、水质调控等方面进行详细了解，实施全程跟踪、综合评价。在跟踪过程中，要密切注意以下几点：一是育苗池幼体各阶段的密度变化情况、淘汰苗的比例；二是幼体各阶段个体大小与活力情况；三是各阶段幼体的摄食情况；四是大眼幼体的体色与体表清洁度。一般来说，优质蟹苗的特征是，个体大，规格整齐，色泽鲜艳，没有杂苗，幼体在变态过程中淘汰率低，大眼幼体在水体中活力强，体表洁净。大眼幼体淡化第三天后，就能在纯淡水中安全生存，出池前用抄网抄起抓在手中捏紧甩干水，大眼幼体在手中感觉很爽，张力大，松开手后能迅速散开。

（2）蟹苗运输　长江以北地区蟹苗的放养时间，一般在每年的 4 月中下旬至 6 月上旬。选购蟹苗时，早期放苗苗龄要适当长一点。后期放苗苗龄可适当短一点。蟹苗淡化到位，过数前必须停食 4 小时左右，采取灯光诱捕，要尽量避免过数时大眼幼体中夹带饵料等杂质，影响运输成活率。一般采用苗箱干法运输，运输主要在晚上或夜间，阴雨天白天也可以运输，运输过程中要进行保湿和保证空气流通，高温运输装运密度要降低。蟹苗到达目的地后，应先将蟹苗箱放入水中浸泡 2 分钟，再提起，如此反复 2～3 次，以使蟹苗适应池塘的水温和水质。

（3）蟹苗暂养　将经浸泡处理过的蟹苗从苗箱中放入事先准备的网箱中，活的苗自动游出，慢慢捞起蟹苗箱，撇去死苗，检查确认运输成活率。待蟹苗活动正常后，投喂大量水溞，使蟹苗吃饱，然后将网箱揿入水中，让蟹苗自动游入池中。

（4）放养密度　放养量根据放养时间、苗的质量、水质和天气等情况来确定。一般 4 月下旬至 5 月上旬放苗密度可适当高一点，5 月下旬至 6 月初放苗密度要低一些。苗的质量好，可减少放养密度；苗的质量稍差，要增加放养密度。水质、天气好有利于幼体培育，可适当降低放养密度；相反要增加放养密度。长江以北地区蟹种培育户放养量一般在 1.5～2.5 千克，同一池塘要在同一时间一次放足。

4. 仔蟹培育

（1）饵料投喂　因为河蟹在蟹苗各阶段其习性不同，必须有的放矢地采取不同投饵培育措施，才能提高其成活率。可分阶段进行投喂，第一阶段：蟹苗养成Ⅰ期仔蟹，蟹苗主要摄食池中培育的天然饵料（水溞等），如天然饵料不足，每天泼豆浆 2 次，上、下午各 1 次，每亩每天 3 千克干黄豆，浸泡后磨 50 千克豆浆；第二阶段：Ⅰ期仔蟹养成Ⅱ期仔蟹，历时 5～7 天，用绞碎的鱼肉与豆饼糊、麸皮，按 2∶1 的比例投喂，日投喂 3～5 次，投饵率 100%；第三阶段：Ⅱ期仔蟹养成Ⅲ期仔蟹，历时7～10天，可投喂粗蛋白含量为40%的颗粒饲料，日投饵量为仔蟹总体重的50%，分上午和傍晚2次投喂。饵料一部分投在清水区，另一部分散投于水生植物密集区。

(2) 分期注水　蟹苗刚下塘时，水深保持20～30厘米。蜕壳变态为Ⅰ期仔蟹后，加水10厘米；变态为Ⅱ期仔蟹后，加水15厘米；变态为Ⅲ期仔蟹后，再加水20～25厘米，达到最高水位（70～80厘米）。分期注水，可迫使在水线下挖穴的仔蟹弃洞寻食，防止产生懒蟹。进水时，应用密眼网片过滤，以防止敌害生物进入培育池。如培育过程中遇大暴雨，应适当加深水位，防止水温和水质突变，否则容易死苗。

(3) 日常管理　一是及时检查防逃设施，发现破损及时修复，如有敌害生物进入池内，必须及时加以杀灭。二是每天巡塘3次，做到"三查、三勤"。即清晨查仔蟹吃食，勤杀灭敌害生物；午后查仔蟹生长活动情况，勤维修防逃设备；傍晚查水质，勤作记录。三是池内要保持一定数量的漂浮植物，一般占水面的50%左右，如不足要逐步补充。

(4) 仔蟹的捕捞和运输　长江以北地区仔蟹和1龄蟹种培育大多是在同一池塘中进行，一般不需要进行捕捞和运输操作。但如果因成活率高或低需要调剂时，则要进行捕捞和运输。仔蟹的捕捞方法有：①微流水刺激法；②灯光诱捕法；③诱饵抄捕法；④水生植物诱捕法；⑤抄网抄捕法。仔蟹的运输，有蟹苗箱运输或窗纱袋外套泡沫塑料箱运输。

5. 1龄蟹种的培育

(1) 仔蟹密度　蟹苗经过15～25天的培育，在池中已蜕壳3～5次，此时已达到1万～2万只/千克，随着个体增大，养殖密度与水质、溶氧、饵料的矛盾也随之增大，特别是在培育后期，密度过大影响仔蟹生长。此时要测定仔蟹的数量，进行扩塘饲养。有经验的蟹农通过日常巡塘、跟踪观察、检查食台等，即可判断出池中仔蟹的密度。如果判断把握不大，可在天气较好、仔蟹分布均匀时，用抄网抄出一处水花生群落，数出附着的仔蟹只数，再乘以整个培育池水花生的群落数，计算出附着仔蟹的数量；在池底和池坡选几个1米^{2}没有水草的地方数出幼蟹的只数，乘以仔蟹培育池总平方米数，计算出池底仔蟹的数量；两者相加即可得出仔蟹的总只数。1龄幼蟹培育仔蟹的密度一般控制在6万～10万只，如果数量不足或多余要进行调剂。

(2) 饲料投喂　根据蟹种的生长规律和生态要求，可分阶段进行饲养管理。第一阶段（6月初至7月初），仔蟹由1万～2万只/千克长至3 000只/千克左右，此时以动物性饵料为主；第二阶段（7 月上旬至 9 月上旬），仔蟹由 3 000只/千克长至 1 000 只/千克左右，此时为控制阶段，以植物性饵料为主；第三阶段（9 月中旬至 12 月上旬），仔蟹由 1 000 只/千克长至 100～220 只/千克，此时为促长阶段，以配合饲料和人工动物性饵料为主。

①饲料品种：天然饵料有池中的浮游生物、水生植物和底栖生物等；人工饵料有小麦、豆饼、菜饼和南瓜等；配合饲料有专用蟹种开口料和粗蛋白含量25%～40%的颗粒饲料。

②投喂方法：以定点投喂与沿池塘浅水带均匀撒洒的方法相结合。并在培育池中设置几个直径为 50 厘米的圆形或边长为 50 厘米的饵料台，用钢筋或竹片做成框架，蒙上筛绢布放置在池中，用于定时（投喂的饵料以在 2 小时以内吃完为宜）检查幼蟹摄食情况。

③投喂量：根据气候、水质、前一天的摄食和池水溶氧等情况灵活掌握。第一阶段注重精喂，以投喂动物性饵料或蛋白质含量为 38%左右的颗粒饵料为主，日投喂量为蟹体总重的 10%～20%；第二阶段注重控制，以投喂植物性饵料为主，日投喂量为蟹体总重的 5%～8%；第三阶段注重促控平衡，动物性饵料占投喂量的 50%左右，日投喂量为蟹体总重的 3%～5%。

（3）水质调控　培育池水质要做到活、爽，保持水体的高溶氧状态。7～8 月是水质调节的重点，通过加水、换水、泼洒生石灰水和使用微生物制剂等调优水质。水位过浅时，要及时加水；水质过浓时，则应及时更换新水。换水时进水速度不要过快过急，可采取边排边灌的方法，以保持水位相对稳定。高温季节和越冬期间，要保持池塘浅水区水位达 80 厘米以上，一般每月泼洒 1 次生石灰水，每亩用生石灰 5 千克化水全池泼洒，但要避开幼蟹的蜕壳高峰期。

（4）补充水草　营造幼蟹的栖息环境，是 1 龄幼蟹培育日常管理工作的一项重要内容。Ⅴ期幼蟹之前，在培育池四周每隔 2～3 米设置一堆水花生，便于幼蟹蜕壳栖息；Ⅴ期幼蟹之后，要在池塘四周设置环状水花生带。高温季节池塘水花生的覆盖面要达到 30%～50%，进入 11 月底蟹种规格基本定型，可用茶树枝或小竹梢扎成小捆放置在池塘的深水区，一般每亩放 20～30 捆，作为蟹种栖息的蟹巢，以便其安全越冬（图 3-2）。

（5）日常管理　要坚持每天早晚巡塘，检查水质状况、蟹种摄食情况、水草附着物和天然饵料的数量及防逃设施的完好程度，大风大雨天气要随时检查，严防蟹种逃逸。尤其要防范老鼠、青蛙、鸟类等敌害侵袭，近几年鸟类的危害最大，可采取吓、赶等方法驱赶，有条件的最好在培育池上方设置防鸟

图 3-2　育蟹池移植水花生

绳、网。平时要及时捞除池中漂浮的脏物，清除池埂杂草，保持塘口整洁，做好塘口档案记录。

(6) *病害防治*　对 1 龄幼蟹培育过程中的病害，主要采取以下预防措施：首先是投放的蟹苗要健康，不能带病，没有寄生虫，Ⅰ期仔蟹上岸往往是蟹苗带有纤毛虫等引起；二是饵料投喂要优质合理，不用霉烂变质饵料，饵料要新鲜适口，颗粒饲料蛋白质含量要适宜，以保证幼蟹吃好、吃饱、体质健壮；三是水质调控要科学，要营造良好的生态环境。7 月水质变肥，可用微生态制剂来改善。微生态制剂主要有光合细菌、枯草芽孢杆菌、EM 菌等，一般在培育过程中，分别使用微生态制剂和生物底改 3～5 次，可有效降低池底的氨氮与亚硝酸盐含量，但不得与杀菌药物及生石灰同时使用。1 龄幼蟹培育一般不用化学药物，但蟹种出现纤毛虫病，可使用硫酸锌等药物进行处理。

(7) *蟹种越冬期管理*　蟹种大多在培育池中度过漫长的冬季，在蟹种进入越冬休眠期前，应强化投喂，让蟹种积累一定能量，以供休眠期的消耗。投喂多以动物性饵料为主，如小杂鱼虾、螺蚬蚌肉、蚕蛹和丝蚯蚓等，也可投喂添加动物性饵料的人工配合饵料。要尽量延长投喂期，不能因整体摄食量下降而过早停喂。日常管理：①保持适宜的水位，一旦表层结冰，应及时破碎，以防缺氧；②坚持巡塘，防鼠害，防偷盗；③经过漫长的冬眠期后，蟹种体质减弱，要尽早开食，投喂动物性饵料，以使蟹种尽早恢复体质。

6. 蟹种捕捞运输

（1）捕捞方式　蟹种捕捞方法要突出提高捕捞效果，减少人为损伤。

①地笼网张捕：这是目前长江以北地区蟹种培育第一首选的捕捞方式。方法是每亩培育池安置1～2条地笼网，每天清晨和傍晚收取1次蟹种。为提高捕捞效果，可将池水放（或排）掉大部水，然后从进水口抽水入池，也可边进边排，形成水流，一般连续张捕5～6天，即可捕获池中90%以上的蟹种（图3-3）。

图3-3　地笼收捕蟹种

②设蟹巢诱捕：12月中下旬，将池中的水花生（主要是水花生茎秆）分段集中，每隔2～3米一堆，为幼蟹设置越冬蟹巢。春季捕捞时将池水放掉，翌日只要将水花生移入网箱内，捞出水花生，蟹种就落入网箱内。隔日池中再进水、放（或排）水，将蟹种诱入蟹巢捕蟹，重复2～3次可捕起80%左右的蟹种。

③干池捕捉：上述方法捕捞结束后将池水彻底排干，待池底基本干燥后，采用徒手摸取淤泥中的蟹种，用铁锹人工挖穴内蟹种。干池捕捉要认真细致，捕获的蟹种要勤取并及时清洗。

④最后注水张捕：经上述方法多次捕捞后，选择晚上往池内注新水，再用地笼网张捕，反复2～3次，池中蟹种绝大部分都可捕起。

（2）暂养　捕起的蟹种要暂养在网箱内，但必须当日销售，尽量不要过夜。暂养要注意两个方面的问题：一是挂网箱的水域水质必须清新，箱底不要落泥；二是每只网箱内暂养的蟹种数量不宜过多，一般每立方米暂养数量不要超过 25 千克，挂箱时间不要超过 10 小时。

(3) 运输　蟹种经分规格过秤或过数后，放入聚乙烯网袋内扎紧即可，过数的蟹种要放在阴凉处，保持一定的湿度，蟹种运输只要做到保湿、保阴两点就行，最重要的是尽可能减少幼蟹的脱水时间。

二、养殖实例

【实例一】江苏省盐城市盐都区大纵湖御品大闸蟹养殖专业合作社陈红，承包尚庄镇荣昌村六组土地开挖蟹种培育池 10 亩，2013 年 5 月 15 日投放蟹苗（大眼幼体）15 千克，共收获 180 只/千克的蟹种 2 260 千克，单价 96 元/千克，销售收入 21.696 万元；另收获早熟蟹 115 千克，单价 6 元/千克，销售收入 690 元，总产值 21.765 万元。总成本 8.387 5 万元，其中：租金 10 亩、单价 1 000 元/亩、10 000元，蟹苗 15 千克、单价 800 元/千克、12 000 元，饲料 6.68 吨、5 720 元/吨、38 210 元，种植水草 1 500 元，肥料 980 元，固定资产折旧 3 375 元（防逃设施3 400元、进排水道 800 元、水泵电机3 600元、增氧机5 700元，计 13 500 元，按 4 年折旧），药物含生物制剂 4 710 元，电费 3 100 元，工资 8 000 元，其他 2 000 元。纯收入 13.377 5 万元，亩均 13 377.5元。

【实例二】江苏省盐城市盐都区龙冈镇港北村农户朱玉胜，2013 年利用 15 亩稻田培育蟹种，放养蟹苗 30 千克，收获蟹种 2 730 千克（约 49.14 万只），销售均价 90 元/千克，产值 24.57 万元；另收获稻谷 4 500 千克，产值 1.08 万元，合计总产值 25.65 万元，每亩平均 1.71 万元。总成本 7.854 万元，其中：蟹苗 2.7 万元，饲料 1.95 万元，工资 2.4 万元，水电费 2 250 元，药物 1 800元，稻种、肥料及收割工资 2 760 元，其他 1 230 元。纯收入 17.796 万元，亩均 11 864 元。

第三节　河网区域优质蟹种培育模式

蟹种培育，是指将仔蟹培育成Ⅴ期幼蟹（豆蟹），再将Ⅴ期幼蟹培育成蟹种（扣蟹）。优质蟹种是养殖大规格河蟹的基础，近年来，河网区域充分利用本地河蟹产业优势，积极推广池塘蟹种培育技术，在实践中创新，形成完善的河网区域优质蟹种池塘培育模式。

一、仔蟹培育

1. 池塘准备

(1) 池塘条件　培育池要求水源充足，面积0.1～0.5亩，池埂坚实无漏洞，池坡比1：(2～3)，池底平坦少淤泥，池深1.2米。进水口用80目尼龙筛绢袋过滤池水。沿池埂用聚乙烯薄膜做好防逃墙，墙高50厘米，四角做成圆弧形。

(2) 清池消毒　在蟹苗投放前15～20天，将池水排干，曝晒池底，采用干法清池，每亩用75千克生石灰或12.5千克漂白粉溶化后全池泼洒消毒。

(3) 施肥和种植水草　蟹苗入池前3～6天，池塘注水20～30厘米，然后每亩施入200千克发酵鸡粪，施肥2天后，放入浸洗消毒的水花生，覆盖面积约占全池的50%左右。

2. 蟹苗放养　选择优质的蟹苗，要求规格整齐，体色呈淡黄色或姜黄色，有光泽和透明感，个体粗壮，游泳活泼，爬行敏捷，手感微刺。最好选用露天土池培育的蟹苗，苗龄不少于6日龄，要防止购买高温苗。放苗密度为每亩1.5千克，放苗时间为5月中旬至6月上旬。

3. 饵料投喂　豆蟹培育阶段的主要饲料为浮游动物、鱼糜、豆饼、麦麸和配合饲料。Ⅰ～Ⅲ期幼蟹投喂鱼糜、蛋羹，日投喂量为蟹苗体重的100%～150%，每天投喂4～5次；Ⅲ～Ⅵ期幼蟹改投全价配合饲料或小杂鱼糜，日投饲量为幼蟹体重的50%～80%，每天投喂3次。采用沿池四周定点投喂的方法，将饵料投放在浅水处或水草附着物上，鱼糜兑水全池泼洒，池塘四周浅水处多投，池中间少投。

4. 水质管理　池水盐度达到3左右时，蟹苗下塘有利于提高成活率。池塘水深保持30～40厘米，透明度30厘米，采用分期注水。蟹苗蜕壳变态为Ⅰ期仔蟹后加水5厘米，变态为Ⅱ期仔蟹后加水5厘米，变态为Ⅲ期仔蟹后加水10～15厘米。定期施放光合细菌，改良池塘水质环境。

5. 捕捞　蟹苗经20～30天的强化培育，蜕壳3～5次后，个体已达到每千克5 000～6 000只，及时捕捞分养。

二、扣蟹培育

1. 池塘准备

(1) 池塘条件　养殖池以东西向长方形为佳。面积 0.67～2 公顷，池深 1.5 米，塘埂边坡为 1∶(2.5～3)，池埂坚实不漏水，池底平坦淤泥 10 厘米为宜。进排水口为对角线设置，进水口用 80 目尼龙筛绢过滤池水，池埂顶端用聚乙烯薄膜、蟹板等材料做好防逃墙，墙高 50 厘米，埋入地下 10 厘米。池塘四角要做成圆弧形。

(2) 清池消毒　幼蟹入池前 10～15 天用药物清塘。生石灰干法清塘，用量为每亩 75～100 千克；带水清塘时（水深 1 米），用量为 150～200 千克；漂白粉（有效氯含量在 30%）干法清塘，用量为每亩 10 千克；带水清塘时（水深 1 米），用量为每亩 20～30 千克。

(3) 种植水草　清塘药物失效后，可加入外河水 1 米，水面投放经硫酸铜或漂白粉溶液浸洗过的水花生，水草覆盖面积约占全池 50%左右。采用在池底移植伊乐藻、苦草、轮叶黑藻的方法。

(4) 施肥　在幼蟹入池前 7～10 天，施经发酵过的鸡粪、猪粪等有机肥，用量为每亩 300～500 千克。并施氨基酸肥水素每亩 2～4 千克，以加速浮游生物的繁殖，为刚下池的幼蟹提供大量适口天然饵料。平时追加施肥，最好用生物肥，适当加磷肥，方法是化水后全池泼洒。

2. 幼蟹放养　每亩池塘放养Ⅲ～Ⅴ期幼蟹（豆蟹）2 万～3 万只。挑选规格整齐、大小一致，行动活泼，无伤残病弱幼蟹，豆蟹规格为每千克 5 000～10 000 只。一般在 6 月底至 7 月初放养。选择阴雨天气或傍晚放养，要避免阳光直射的中午。

3. 饲料投喂　扣蟹培育阶段的主要饲料为浮萍等水草，其次为麦麸、豆渣、配合饲料和小杂鱼。7～8 月，以投喂植物性饵料为主，占投喂量的 70%；9～11 月，以投喂动物性饵料为主，占投喂量的 70%。日投喂量为蟹体总重量的 5%左右。

4. 水质调节　饲养期间，每 15～20 天泼洒 1 次生石灰，每次每亩用量为 10 千克。池水深度稳定在 1～1.5 米，严格控制换水次数。定期泼洒光合细菌。

5. 病害防治　遵循“无病先防、有病早治”的原则，重点预防纤毛虫病、烂肢病和肠炎病等。经常用显微镜检查幼蟹，发现有纤毛虫，及时使用纤虫净全池泼洒；发现有烂肢病、肠炎病等，使用溴氯海因等消毒药物全池泼洒。

6. 蟹种捕捞　蟹种的捕捞时间为秋季或春季，捕捞方式有投饵诱捕、地笼捕捉、陷阱捕捉、灯光诱捕、注水捕捉和干塘捕捉等多种方法。

三、养殖实例

江苏红膏大闸蟹有限公司蟹种培育基地1 060亩，蟹苗池面积15～30亩，选购定点苗场生产的大眼幼体，活力强，个体大小均匀，规格每千克18×10^4只，池塘栽种轮叶黑藻、伊乐藻，水面移植水花生，覆盖面占水面的30%～50%，每亩放蟹苗1.5千克，强化培育20～30天，个体达每千克5 000～6 000只时，捕捞分养，每亩池塘放养豆蟹2万～3万只。饵料投喂坚持“四定、四看”，日投喂量为蟹体总重量的5%。定期换水，用微生物制剂调节水质。共产扣蟹苗1 581万只，其中，4～5克扣蟹苗占10.6%，6～8克扣蟹苗占37%，8克以上扣蟹占51.2%，获利321.00万元。

兴化市燎原特种养殖有限公司扣蟹培育基地500亩，培育池面积1～2亩，生石灰每亩用75～100千克带水清塘。蟹苗下塘前3～5天，亩施有机肥150千克。池内栽种菹草、轮叶黑藻、水花生等水生植物，占水面1/4。6月中下旬放养每千克16万～20万只的优质蟹苗，每平方米放养密度为350～400只，蟹苗下塘3天内投喂鱼糜蒸蛋，10天后，改喂人工配合饲料，投喂时沿池边遍撒，定期进行换水，池水水位保持相对稳定。配备增氧设备，确保溶氧充足。扣蟹苗产出800万只，纯利润90万元。

第四节　北方稻田优质蟹种培育模式

经过近30多年的发展，辽宁省盘锦市已成为我国北方地区最大的河蟹养殖基地，其苗种供给主要依靠稻田解决，其稻田培育蟹种技术在全国独树一帜。科技人员根据蟹苗及仔蟹的生态要求，建立了稻田蟹种生态培育新工艺，实现养蟹稻田水稻不减产，每公顷产蟹种15.0万只，每公顷新增效益翻一番的目标。2013年，盘锦市稻田饲养蟹种面积已达2.3万公顷，年产蟹种1.5万吨，成为我国北方地区最大的辽河水系中华绒螯蟹苗种供应基地。形成了以优质蟹种培育技术、优质饲料配制及科学投喂技术等生态健康养殖技术为主的蟹种培育模式——“盘锦模式”。

一、稻田的选择和稻田养蟹要求

1. 稻田的选择 养蟹稻田以选择水源充足、水质新鲜、排灌方便、保水力强、无污染和较规则的田块为好。

2. 稻田蟹池的设计及修整 养蟹稻田的田埂要加高、加固、夯实，宽不低于0.5～0.6米、高0.5～0.6米。为了给河蟹创造舒适的生存和生长环境，稻田四周在离田埂1.5～2.0米，开挖上宽3.0米、下宽1.0米、深0.8米的环沟。

3. 构筑防逃墙 为了防止河蟹从稻田外逃，需在养蟹稻田四周构筑防逃墙。用塑料薄膜、5号铁丝和木桩在田埂上建围栏防逃设施。用聚乙烯网片（4目/厘米^2）将池塘四周围起，网底部埋入土内0.1米，网高1.0～1.1米，以防止青蛙、癞蛤蟆、克氏螯虾（俗称小龙虾）等敌害生物爬入蟹种池内。在聚乙烯网片内侧（相隔1.0～2.0米）用塑料薄膜作为防逃墙，防逃墙高0.5～0.6米，埋入土中0.1米，并稍向池内侧倾斜，其内侧光滑，无支撑物。防逃墙拐角处呈圆弧形。由于仔蟹具有强烈的趋流性及趋光性，因此，进、出水口应用密网封好扎牢。稻田的进、排水口应设在稻田相对两角处，采用陶管或胶管为好。在水管内端用双层网包好，再设置40目的铁栅栏，以防止河蟹逃逸和青蛙、田鼠的危害，在外端再套1个较粗的网笼，防止进水时杂物或野杂鱼进入，以及内网破损河蟹逆流逃跑。

二、蟹种放养前的准备工作

1. 清田施肥 在稻田移栽秧苗前10～15天进水泡田，进水前，每公顷施1.95～2.25吨腐熟的农家肥和150千克过磷酸钙作基肥。进水后整田耙地，将基肥翻压在田泥中，最好分布在离地表面5～8厘米。耙地2天后，每公顷用450～600千克的生石灰消毒，以达到清野除害的目的。进水10天后开始插秧，然后培育水体的底栖藻类和浮游动物，作为蟹种入池后的饵料。

2. 水草栽培 养蟹稻田在插秧之后，在环沟中需种植适量的水草，以利于河蟹的栖息、隐蔽和蜕壳。常用的水草有伊乐藻、金鱼藻、轮叶黑藻和苦草等。水草多的地方，由于水质清新，溶氧充足，饵料丰富，河蟹一般很少逃逸。因此，环沟内种植水草，也是防止河蟹逃逸的有效方法。

三、水稻栽培

1. 选择优良水稻品种　养蟹稻田移栽的水稻，应选择耐肥力强、秸秆坚硬、不易倒伏和抗病力强的高产水稻品种。目前，盘锦广泛推广使用的蛟龙系列、龙盘系列、盐丰、“294”和“辽星”等都适合与河蟹套植。

2. 培育壮秧　在播种前，选晴天把种子晾晒2～3天，在晾晒过程中，种子摊铺要薄，定时翻动。晒种具有增强种子活力，提高种子发芽率和消毒杀菌的作用。浸种5～7天，捞出来放热炕或温室催芽，温度不超过30℃。标准：露白即芽长在0.1～0.2厘米时摊开晾芽，即可播种。

3. 选地做苗床　推广庭院、高台育苗方式，因为庭院、高台育苗具有床面温度高、湿度小、盐碱轻、土壤通透性好和作业方便等优点，有利于培育壮秧。推广隔离无纺布育苗。苗床浇足底水后，铺上隔离层（打孔地膜或编织袋），将黑土、农肥、壮苗剂配置好营养土，平铺在床面上，厚约为2厘米左右，刮平后浇透水即可播种。

4. 提高整地质量，增施有机肥　坚持三旱整地，翻旋结合，进行合理的土壤耕作，提高整地质量。增施有机肥，每公顷施30吨粪肥或还田稻草3.0～4.5吨。以改善土壤结构，降低土壤容重。同时，可提高水稻抗干旱和耐碱能力，保持土壤养分平衡。

5. 适时移栽，合理稀植

（1）移栽时间　一般插秧安排在5月20日至5月底，杂交稻5月25日前插完。

（2）栽培密度　采用“大垄双行、边行加密技术”。大垄双行两垄分别间隔0.2米和0.4米，为弥补环沟占地减少的垄数和穴数，在距环沟1.2米内，0.4米中间加1行，0.2米垄边行插双穴。

（3）插秧苗数　一般每公顷插约20.25万穴左右，常规品种每穴3～5株，杂交稻2～3株。适当增加埂内侧和环沟旁的栽插密度，发挥边际优势，以提高水稻产量。

6. 适量施肥　待水稻返青分蘖时，可追施分蘖肥。投放蟹苗后原则上不再施肥，如发现有脱肥现象，可追施少量尿素，但每次施肥每公顷不得超过75千克。

四、仔蟹放养

经仔蟹培育池培育成的仔蟹，放入1龄蟹种池的时间须待水稻发棵分蘖后才能放养，如插秧需经20天后才能放养仔蟹，以防损伤秧苗。

选择体质健壮、爬行迅速、大小整齐、规格为4 000～8 000只/千克的辽河水系中华绒螯蟹（Ⅱ期幼蟹）为最佳。投放到养殖稻田的蟹苗密度，一般以22.5万～45.0万只/公顷、放养重量52.5～60.0千克/公顷较合适。

五、饲养管理

1. 水质管理 养蟹稻田在尽量不晒田的同时，应采取“春季浅、夏季满、定期换水”的水质管理办法。春季浅是指在秧苗移栽大田时，水位控制在0.15～0.20米；以后随着水温的升高和秧苗的生长，应逐步提高水位。夏季Ⅲ期仔蟹或2期幼蟹进入大田后，正值水温高的夏季，为降低水温、防止昼夜温差过大，应将水加至最高水位。定期换水，一般每3～5天换水1次，夏季高温季节，更要增加换水次数。换水一般在上午进行，换水温差不能大于3℃，以不影响仔蟹的傍晚摄食活动。不任意改变水位或脱水烤田，以利于仔蟹正常的蜕皮生长。

2. 投饵管理 仔蟹下田后一个月为促长阶段，日投喂配合饲料按仔蟹体重的15%～18%计，8:00投喂1/3，18:00投喂2/3。从8月初至9月中旬为蟹种生长控制阶段，一般每天18:00投饵1次。前20天日投配合饲料约占蟹种总重量的7%，鲜杂鱼虾等也可以代替部分配合饲料，植物性青饲料占蟹种总重量的50%。以后改为日投配合饲料约占蟹种总重量的3%，青饲料占蟹种总重量的30%。9月中旬以后为蟹种生长的维持阶段，可加大植物性饲料的投喂量，每隔15天要持续投喂配合饲料7天左右，以促进蜕壳，日投饵量约占蟹种总重量的10%。

3. 水稻用药的注意事项 培育蟹种的稻田尽量不施农药，河蟹对生活在稻田水体中的水稻害虫的幼体通过摄食有一定的杀灭作用，因此，养蟹稻田的水稻病害相对来说要少一些，但是不能排除杀灭得不够彻底或其他稻田传播病害的可能性。如果必须使用农药时，应选用高效低毒的农药，并在严格控制用药量的同时，先将田水灌满，只能用喷雾器而不能用手工泼洒药物，同时，应将药物喷在稻禾叶片的上面，尽量减少药物淋落在田水中。用药后，若发现河蟹有不良反应，应立即采取换水措施。在夏天随着水温的上升，农药的挥发性增大，其毒性也大。因此，在高温天气里不要用药。

4. 蜕壳前后的管理　幼蟹在养殖过程中一般蜕壳多次。蜕壳期是河蟹生长的敏感期，需加强管理以提高成活率，一般幼蟹在蜕壳前摄食量减少，体色加深。此时，可少量施入生石灰（150 千克/公顷左右），以促进河蟹集中蜕壳。同时，动物性饵料和新鲜水的刺激对蜕壳也有促进作用，要设法满足这些条件。河蟹在蜕壳后蟹壳较软，需要稳定的环境，一般栖息在水稻根须附近的泥中，有时甚至几天都不出来活动，此时不能施肥、换水，饵料的投喂量也要减少。以观察为准，待蟹壳变硬、体能恢复后出来大量活动，沿田边寻食，此时需要适当增加投饵量，强化营养，促进生长。

5. 日常管理　稻田培育蟹种的日常管理，主要是巡田检查，每天早、晚各 1 次。查看的主要内容有防逃墙、田埂和进出水口处有无损坏等，如果发现破损，应立即修补。观察河蟹的活动、觅食、蜕皮和变态等情况，若发现异常，应及时采取措施。注意稻田内是否有河蟹的敌害生物出现，如老鼠、青蛙、螯虾和蛇类等，如发现应及时清除。如发现存留残饵，也应及时清除，以防其腐烂变质而影响水质。在河蟹的生长期内，每半个月施 1 次生石灰，一般每公顷用生石灰 75 千克。采取这一措施，其一可以调节水质，保持水质良好；其二可以增加稻田中的钙质，以利于河蟹生长、蜕壳；其三可以杀灭稻田中的敌害生物。施用生石灰后 3～5 天，可以施用 EM 原露以改善水质，增加水中有益菌群数量，防止疾病发生。在风雨天，要特别注意及时排水，以防雨水漫埂跑蟹。

六、蟹种的起捕出售

稻田培育的蟹种，一般在 9 月中、下旬收割稻谷前进行捕捞。具体捕捞的方法有：①利用河蟹晚上上岸的习性，人工田边捕捉；②利用河蟹逆水的习性，采用流水法捕捞，通过向稻田中灌水，边灌边排，在进水口倒装蟹笼，在出水口设置袖网捕捞，并在蟹田内的进出水口附近埋大盆或陶缸，边沿在水底与田地面相平，这样的效果较好；③放水捕蟹，将田水放干，使蟹种集聚到蟹沟中，然后用抄网捕捞，再灌水，再放水，如此反复 2～3 次，即可将绝大多数的蟹种捕捞出来；④在田边利用灯光诱捕；⑤在收割稻田水全部排干后，翻开稻草或隐蔽物抓捕，也可在防逃墙边下埋陷阱。采用多种捕捞方法相结合，蟹种的起捕率可达到95%以上。

蟹种起捕以后，按照市场收购规格进行分选，用网箱暂养，等待好的销售时机出售。注意干露的时间不能超过5天，而且要在湿润状态下放在阴凉处。放在网箱中暂养的蟹种密度不可过大，保证网箱放在水深超过1.5米的活水处，而且每天至少检查2次。

按上述技术规程操作，加强管理，一般每公顷养蟹稻田可生产规格为160～240只/千克的蟹种750千克左右，数量约15.0万只左右。

七、实例

盘锦市盘山县坝墙子镇姜家村张华库采用北方稻田优质蟹种培育模式——“盘锦模式”，在面积为20.0公顷的稻田中，大眼幼体放养密度为4.5千克/公顷，经过4个多月的养殖，获得蟹种规格为100～140只/千克，平均单产为900.0千克/公顷左右，平均价格为24.00元/千克，效益为1 440.00元/公顷。

第五节 大规格优质蟹种高产培育模式

通过引进、筛选河蟹亲本，定向繁育河蟹幼苗技术，栽种多品种水草为主的池塘生态修复技术，优质饲料配制及科学投喂技术，微生物制剂的科学合理应用，池塘微孔底充氧技术等主推技术，形成以“良种、深池、种草、营养、控水”为核心的河蟹良种生态育种新技术，即临湖河蟹育种模式。实现了“1亩池塘、放1.5千克蟹苗、产250千克优质蟹种”的目标，大规格（7克/只以上）优质率达87%，所育蟹种质量达到长江水系中华绒螯蟹种质要求。

一、引进亲本良种，进行定向育苗

从长江天然水域引进、筛选出长江水系中华绒螯蟹特征明显、性腺发育好、规格在200克/只的江蟹为育苗亲本，通过专池强化饲养及定向人工繁育，并按规范验收蟹苗，将长江水系中华绒螯蟹特征明显的蟹苗为育种幼苗。

二、营造育种池生态环境

1. 育种池彻底清塘消毒　育种池经过一年的育种，池中存在大量的有害生物和病原体及藏于泥土、洞穴中的扣蟹。所以在扣蟹起捕后，及时对育种池做好清塘消毒工作。实施三次清塘消毒措施。第一次进行高水位清塘，将池水放至超过养殖最高水位，用生石灰300千克/亩，将生石灰水趁热沿池坡浇注，以杀死及呛走池坡穴居洞中的扣蟹；第二次用200千克/亩生石灰水进行超低水位全池泼洒，杀灭池底有害生物和病菌；第三次待水草移栽后，采用茶粕杀灭移栽水草时带进的有害生物。

2. 移栽多品种水草　采用移栽水草为特色的育种池生态修复措施，以营造育种池生态环境。一是在池中移植水花生草，使移植面积约占水面的60%左右；二是在未放置水花生的区域，每1～2米^{2}种植1簇伊乐藻；三是在育种池四周浅水区栽种挺水性植物；四是在水面培育紫背浮萍和青萍。移栽水生植物既为幼体提供丰富的植物性饵料，又为幼体提供了栖息场所和蜕壳隐蔽物，并通过水草的遮挡，在高温季节降低池水水温，保持幼蟹正常发育生长，减少幼蟹性腺早熟率。通过水草吸收池水中肥分，净化和调节池水水质，使池水保持清新。

3. 整修池塘和围栏防逃设施　育种池经过上一年的生产运作，池埂、池坡及围栏防逃设施经日晒、雨水冲刷及池水的浸泡，破损较为严重。在冬春蟹种销售后，必须及时进行整塘、修理及壅土填孔隙。

4. 培育肥水　放苗前7～15天，育种池应加注新水和施足基肥，以培育池中浮游生物，使蟹苗下塘时有足量的适口饵料，并使池水保持肥而爽。

三、坚持标准，放好蟹苗

1. 按要求验收蟹苗　采取“四看一抽样”方法，验收判别蟹苗品质：一看幼体是否满7日龄，淡化时间是否在3天以上，是否是同一批苗，规格是否一致，以防日龄高的残食日龄低的苗；二看幼体体色是否一致呈金黄色，防止嫩苗老苗参差不齐；三看活力强弱，用手握是否有硬壳感，手松后幼体是否迅速分散，以检验幼体是否健壮和有活力；四看生产记录，了解繁育期的饲养管理和用药情况，以防亲本混杂和使用违禁药物及投入品。抽样计数，判别幼体质量。

2. 按规范要求，放好蟹苗 苗种放养情况的好坏，直接影响着当年育种的丰歉、规格和效益。因此在放苗时，必须按规范要求抓好以下几方面工作：

（1）放养日期 一般为4月底至5月中旬，最迟不得超过5月25日。

（2）放苗时间 一般在晴天6:00～9:00。

（3）重视苗种运输质量 幼体运输最适宜气温为15～20℃，箱内密度不能过大，苗箱既要保持湿润，又要严防积水。运输要处于低温状态，防止风吹、日晒和雨淋。

（4）放苗要点 抓好三次"着水"处理和多点放苗，以确保苗种成活率和池中均匀分布。

（5）控制放苗密度 根据育种池塘面积、幼体质量及计划产量而定，一般亩放养量控制在1～1.5千克。切忌一个育种池多次放苗。

四、强化饲养管理

1. 掌控饵料结构及投喂量 在蟹种培育过程中既要加强营养，促进生长，又要防止性早熟。为此，根据仔、幼蟹不同的发育阶段和生长环境，抓好育种前期，以池中浮游动物饵料为主；育种中期，以植物性饵料为主；育种后期，采用动物性蛋白和植物性蛋白并重。

蟹苗下塘时，以池中浮游生物为主：Ⅰ期至Ⅲ期仔蟹阶段，投喂粗蛋白含量42%的"0"号饵料，日投饵量为池中幼体重量的8%～10%，分多次进行全池投喂；Ⅲ期至Ⅴ期阶段，投喂粗蛋白含量32%～38%、植物蛋白占60%～70%的全价饵料，日投喂量为池中幼体重量的5%～10%，分上午及傍晚两次全池投喂，傍晚一次为总量的60%～70%；Ⅴ期以后，将动物性蛋白逐渐提高至动、植物蛋白并重，日投饵量应保持在幼体体重的5%～8%，同时搭配一些浮萍等粗饲料。

投喂饲料必须做到：一是饲料要适口全价；二是测算池中幼体重量要正确，以防测算过少造成幼体饥饿，过多造成浪费和败坏池水。

2. 深池育种 育种池除大小面积适宜、坡度大、池底平坦外，池塘深度要求达到1.5～2米，最高水位可保持在1.5～1.8米。深池育种在高温闷热季节所产生的氧债，由池内安装的微孔底充氧设施加以弥补。采用深池培育蟹种其优点为：一是容水量大，水质不易突变；二是水草垂直分布面积大，幼蟹易选择最佳水层栖居生长，隐蔽物多，在蜕壳时不易自相残杀；三是有效积温低，可比浅水池塘少蜕一次壳，降低性腺早熟率；四是保护和延长伊乐藻的生长期。

3. 搞好水质调控　根据幼体的生长、天气情况及水质变化，及时调整池水水质，是优质高产育种的关键，必须抓好以下措施：

（1）*肥水下塘*　蟹苗下塘7～15天前，加注新水，施好过磷酸钙及有机肥料，将池水调至黄褐色或黄绿色，以培养大量水溞等浮游生物。待蟹苗放养时，有足量适口饵料，水位应控制在50～60厘米。

（2）*防暑降温，控制幼蟹有效积温*　盛夏季节，将池水加至池塘最高水位，同时，使水草覆盖率保持在池塘总面积的70%左右，以防止水温过高，控制幼蟹有效积温。

（3）*防止池水下层缺氧*　一般每半个月换水1次，在高温季节及气候突变时，及时加注新水和开机增氧。加注新水应在早晨水温较低时进行，开机增氧一般根据水质在线参数，发现池水溶解氧小于5毫克/升时，就要开机增加溶解氧，使池水溶解氧始终保持在5毫克/升以上。

（4）*做好水质监管*　通过水质在线监控信息数据及日常观察，每月泼洒生石灰水1～2次，并根据池水水质变化状况，及时用好调水王、活水解毒素、EM原露、控草养水宝等水质生态调节剂。

（5）*认真做好病害防治及投入品的监控管理工作*　采用国家许可的渔药预防及杀灭幼体所患病虫害，严格监管投入品的使用，杜绝有害物质用于育种池。

五、认真做好日常管理

1. 加强日常管理工作

（1）每天坚持早中晚巡塘，仔细观察仔蟹摄食、活动、蜕壳、水质变化等，发现异常，及时采取措施。

（2）经常检查幼体生长情况，及时调整管理措施。

（3）防敌害侵袭。在培育池四周设置捕捉鼠蛙器械，防止老鼠、青蛙、蟾蜍等捕食幼蟹。

（4）做好幼蟹防逃工作。下雨加水时是幼蟹最活跃期，必须做好进出水处、培育池渗水处及四周的防逃工作，特别是大风暴雨后，及时检查加固防逃设施。

（5）抓好病害防治和池塘环境卫生工作。

（6）及时清除小绿蟹。深秋以后，采用各种措施，将培育池中的早熟小绿蟹清除掉。

2. 加强越冬管理工作

（1）抓好幼苗越冬前期的饵料投喂，确保幼苗有足够能量过冬和冬后正常生长，必须在立冬幼体未进草墩前，投喂蛋白质含量高的饵料。

（2）11 月水温降至 10℃左右，水花生经霜打开始落叶后，将水花生草集中堆起成墩，使幼蟹进入草堆中越冬。草墩要求做到下面要碰到池底，上面不能离水过高。

（3）深水肥水越冬，将池水水位加至 1.2～1.5 米，用有机肥肥水。

六、幼蟹起捕

采用推置水花生草又好又快捕捉蟹种的新方法。其方法为：在秋冬 11 月中下旬，幼蟹停止摄食，水花生经霜打落叶时，将池中水花生堆置成墩。使池中幼蟹进入草堆越冬，起捕时只要将网片从草堆下托起水草，将水草捞出，幼蟹就在网中。采用这种方法，第一次可起捕池中幼蟹的 70%左右，第二次还可捕 15%～25%。

七、所育蟹种质量

（1）长江水系中华绒螯蟹外形特征明显；头胸甲凸凹隆起明显、4 个额齿缺刻深、第四侧齿小而尖明显、第二步足细长，屈后长出额齿。

（2）二螯八足健全，蟹体无磨损和外伤。

（3）幼蟹游泳、爬行活跃迅速，反应敏捷。

（4）幼蟹色泽明亮，体表洁净，无附着物和寄生虫。

（5）规格整齐，一般达 100～200 只/千克。

（6）未使用国家禁止使用的药物及相关投入品。

第四章 河蟹池塘成蟹养殖模式

第一节 江南优质成蟹养殖模式

一、蟹池“155”生态高效养殖模式

根据河蟹、青虾生物学特性和食物链原则，在蟹池中合理放养青虾、塘鳢，采取肥料科学运筹、复合型水草布局与立体形态营造、苗种选优合理搭配放养、微孔管道增氧标准化配置、营养需求性饲料选择投喂、微生态制剂调水和生态防病等措施，实现养殖产量、产品质量、经济效益、生态环境的有机统一，达到亩产河蟹100千克、青虾50千克或青虾和塘鳢50千克（其中，青虾30千克、塘鳢20千克）、亩效益5 000元以上的生态高效养殖技术。

近几年来，随着河蟹养殖业的快速发展，养殖规模逐年加大，养殖产量逐年增加，且上市时间较为集中，河蟹养殖价格波动较大，单一河蟹养殖效益逐年降低，抵御市场风险的能力逐步减弱，直接影响了河蟹产业的持续健康发展。而青虾、塘鳢价格一直保持稳定且有上升趋势，因此，打破单一河蟹养殖，在蟹池合理套养青虾和塘鳢，是巩固和发展河蟹产业的必经之路，也是符合河蟹养殖实际的必然选择。蟹虾混养模式也是目前河蟹混养中效益最为可观的模式之一，其主要技术要点如下：

1. 池塘条件 适宜的池塘形状有利于充足光照和溶氧，一般池塘形状为长方形，东西走向；池底平坦，坡比为1∶（2.5～3.0），有利于水位调节和控制水草；水源充足，水质良好无污染，有利于环境营造；排灌方便，防逃设施齐全，有利于河蟹养殖中水位的调控。

2. 放养前的准备工作

（1）安装微孔增氧设施 微孔管道具有孔隙表面积大、散气面积广且均

匀、水不易渗透等优点。蟹池底部铺设微孔管，可以大幅度提高池水溶氧。主要由罗茨鼓风机、总供气管、支供气管和微孔管道三部分组成，每 10 亩配套 2～3 千瓦的罗茨鼓风机；总供气管道采用孔径为 60 毫米交替使用的 PVC 管，既保证安全又能降低成本；支供气管为 10 毫米直径的橡胶管，微孔管道采用孔径为 16 毫米微孔管。安装方法为：用毛竹或镀锌管作为支架，把总供气管架设在池塘中间，高于池水最高水位 10～25 厘米，南北向贯穿于整个池塘。在供气管两侧间隔 8～10 米水平设置 1 条微孔管，微孔管一端接在总供气管上，另一端接上 3～5 米支供气管，并延伸到离池埂 1 米远处，并用竹桩将其固定在高于池底 10～15 厘米处。

（2）栽种水草　清塘消毒 1 周，待清塘药物药性消失后开始栽种水草，主要种植伊乐藻、黄丝草、苦草和轮叶黑藻等复合型水草，东西为行，南北为间，行间距 5 米×4 米。在深水区种植黄丝草、轮叶黑藻，在浅水区种植苦草。并在池塘中心围网种植水草，待水草覆盖率达 40％～50％时把网围拆掉。

（3）施肥培水　水草栽种结束后，每亩施经发酵处理的猪粪等有机肥 200～250 千克，半个月后每亩施钙镁磷肥加复合肥 15～20 千克（视水质情况而定），将池水培成淡红色，培育丰富的浮游生物，为河蟹、青虾提供优质天然饵料，并促进水草生长，抑制青苔的发生。

（4）移植螺蛳　池塘中移植适量的螺蛳，通过螺蛳滤食池塘中有机碎屑和残饵，降解养殖污染，还能净化水质，活螺蛳也是河蟹的天然饵料，为河蟹的生长提供动物蛋白源。一般可在清明节前一次性投放鲜活螺蛳 300～400 千克/亩，后期可根据螺蛳存塘量再适当补放。

3. 放养种苗

（1）苗种选择　河蟹：选择肢体健全、活动能力强、无病无伤、无挂污、规格为 120～160 只/千克的本地自育蟹种；青虾：选择肢体完整、行动活泼、3～4 厘米大小的春季过池虾种；塘鳢：亲本选择成熟度好、体质健壮、体表无损伤，雌鱼规格 70 克以上、雄鱼 80 克以上，苗种选择体质健壮、游动活泼、规格为 2～3 厘米。

（2）合理放养　“155”放养模式，也有别于传统的单一河蟹放养模式。它主要利用河蟹养殖池塘早期生物量较小、河蟹活动范围较小等特点，加大青虾套养量，提高池塘单位面积产出率。河蟹：一般放养时间为 2～3 月，放养量 800～1 200 只/亩；青虾：一般放养时间为 1～2 月，放规格 2000 尾/千克的青虾种 10～15 千克/亩，7 月，可补放规格在 10 000～12 000 尾/千克的虾苗 3 万尾/亩；塘鳢：放养亲本 9～12 尾/亩（雄雌比 1：2），或者 6 月放塘鳢苗 400～500 尾/亩。同时，放养糠虾苗 5 千克/亩左右，以此作为塘鳢的天然饵料。

4. 饲养管理

（1）*水草管护* “养好一塘蟹，先养好一塘草”。水草的生长情况决定水质好坏，是决定养殖产量的关键因素。因此，养殖过程中应把水草管护作为重中之重。前期主要以水位高低来控制水草长势，并视水草长势情况采取割茬措施。苦草容易遭到河蟹破坏，可采取适当增加饵料投喂量的方法予以保护，并及时将受到破坏的苦草捞出，防止腐烂败坏水质；伊乐藻容易出现生长过密、封塘的问题，在高温季节来临时，要适当拉通风沟。高温季节来临前，用拖刀将伊乐藻的上半段割除，使其沉在水下 20 厘米左右，以增加水体的光照量，促进水草的光合作用。

（2）*巢穴建造* 依据塘鳢喜欢栖息于河溪底层及泥沙、碎石、杂草中这一生物学特性，可在池塘中以瓦片、蚌壳、灰色塑料管或 PVC 管等为材料，设置其繁殖产卵的巢穴，营造自然繁殖的环境。

（3）*饵料投喂* 青虾和塘鳢一般不单独投喂，利用水体中培育的轮虫、枝角类、桡足类等浮游动物和投喂河蟹饲料剩余的碎屑，为青虾苗和刚繁育出的沙塘鳢鱼苗提供开口饵料。投喂的饵料品种一般以动物性饲料搭配颗粒饲料为主，前期投喂颗粒饲料蛋白含量一般在 38%～40%，中期投喂颗粒饲料蛋白含量一般在 32%左右，后期投喂颗粒饲料蛋白含量一般在 35%左右，并搭配少量玉米、黄豆、小杂鱼；投喂小杂鱼等动物性饲料前应用生物制剂浸洗，玉米和黄豆煮熟后投喂，饲料中每周定期添加中草药和复方多糖添加剂等提高河蟹机体免疫力，用水将药物溶解后喷洒饲料，待其阴干后投喂；投喂时间一般在 16:00 左右，全池泼洒，投喂量以当天吃完为度。

（4）*水质水位调控* 水质调控的好坏至关重要，关系到水生动物的成活率、生长速度和品质，尤其夏季水温较高，是水生动物的快速生长季节，同时，也是水质最难控制的时间段。春季水位控制在 30～40 厘米，并随着水温升高逐渐增加水位，高温季节水深控制在 1.2 米左右，高温期过后，水位保持在 0.8 米左右。根据水质变化情况，每半个月或 1 周用生物制剂调节水质，改善底质，视水体肥瘦情况及时追肥。泼浇时及时开启微孔管道增氧设施。

（5）*病害防治* 遵循“预防为主、防治结合”的原则，坚持生态防病和生物防病，使用生物制剂预防和控制病害的发生。病害防治以河蟹为主，全年采取“防控保”措施。“防”——用纤虫净200克/亩泼洒消毒1次，同时内服2%的中草药和1%的痢菌净制成的药饵，预防病害发生；“控”——梅雨期结束后，亩用1%的碘药剂200毫升兑水泼洒全池，并内服2%的中草药和1%的硫酸新霉素制成的药饵，控制病害抬头；“保”——水体消毒用药按药物的休药期规定执行，保证河蟹健康上市。

（6）*适时增氧* 根据天气变化情况，适时开启增氧设施，遇到闷热天气，傍晚开启微孔管道增氧机至翌日早晨；高温季节，半夜开启增氧机至翌日天亮；连续阴雨天气全天开机，使溶氧保持在5毫克/升以上；使用药物杀虫消毒、调节水质及投喂饵料时，也应及时开启增氧机，以保证池水溶氧充足。

（7）*加强巡塘* 每天早晚各巡塘1次：早晨主要是检查池中有无残饵，以便安排当天的投饵量，并捞除残饵，创造一个清洁的摄食环境，同时，观察、检测池水水质，决定是否需要换水或调水。晚上巡查主要是观察河蟹的活动、吃食及生长情况，发现问题及时调整饲养管理措施。巡查过程中一定要保持蟹池环境的安静，不要过多地干扰河蟹的吃食、蜕壳过程。秋天晚上要安排专人通宵值班，以免造成损失。同时，还要定期检查和加固防逃设施和进排水口（特别是多雨季节和刮风下雨时），及时捕捉养蟹池中的青蛙、水老鼠和水蛇等敌害生物。

5. 捕捞上市 青虾捕捞分两次进行，分别在端午节和国庆节前后，以地笼套捕，捕大留小；河蟹和塘鳢从9月开始，根据养殖情况和市场行情，适时采用地笼套捕同步上市。

6. 养殖效益 2013年，蟹虾“155”模式平均亩产河蟹106千克、青虾51千克，亩均产值11 000元，除去种苗1 200元、水草300元、螺蛳400元、饲料1 500元、生物制剂500元、水电费200元、塘租800元、人工500元，共计成本5 400元，亩均效益5 600元；蟹虾鱼“155”模式平均亩产河蟹105千克、青虾32千克、塘鳢25千克，亩均产值11 500元，除去成本5 600元，亩均效益5 900元。

7. 养殖策略分析与建议

（1）*优质亲本或苗种选择* 个别繁苗企业为了减少繁育成本，会选择个体较小、质量一般的亲本，而有些养殖户不重视亲本更新，致使亲本质量差，导致种质退化和效益降低。在养殖过程中，要优先选用名优品种以及优质沙塘鳢亲本，养殖过程中明显表现出了生长快、规格大、病害少、外观好看等优势，充分体现了种质在养殖过程中的重要性。

（2）*良好的水质促进养殖生长*　保持良好的水质，是进行水产健康养殖和可持续良性生态养殖的必要条件。营造优良的水域环境，能够有效促进水中浮游生物和底栖生物的生长，降低饵料系数和养殖成本，并且提高水产品的品质。因此，池塘冬季清塘应彻底，春季栽种复合型水草，使用生物有机肥肥水，夏季管理好水草，用微生物制剂调水，秋季才能获得丰收。

（3）*合理搭配混养品种*　蟹虾鱼“155”模式是利用三种水产动物的生物学特性，结合季节、空间差进行的多品种混养模式。青虾摄食河蟹残饵，塘鳢摄食小虾苗，既能够提高空间和饲料利用率，还能解决虾苗规格差异大和养殖风险大的难题。但在养殖过程中，要注意塘鳢的放养数量，以免将青虾吃光。鉴于塘鳢以小虾苗为食物，本养殖模式上半年放养塘鳢亲本，同时加大上半年过池虾的放养数量，下半年小虾苗多供塘鳢摄食，既保证了青虾产量，又给塘鳢提供了充足饵料。

（4）*品质带动效益*　随着人们生活水平的提高和保健意识的增强，人们对水产品的质量提出了更高要求，不仅讲究营养性、价格、大小和适口性，而且愈来愈关注水产品的品质。同时，养殖面积和养殖产量的不断增加，也促使养殖户只能走注重品质的高端道路，只有加强投入品管理，走无公害、绿色、有机生产之路，提高水产品质量，打响品质品牌，才能保证养殖效益的不断提升。

8. 养殖实例一　金坛市金城镇王母观村渔业科技入户工程科技示范户张明庚，养殖净水面 38 亩。2013 年采用蟹虾“155”生态高效养殖模式，其主要技术要点如下：

（1）*池塘设施齐全*　池塘位于水源充足、水质清新无污染的长荡湖畔。池塘有效蓄水深度 1.2 米，进、排水系统完善，微孔管道增氧设施、水、电、沟、渠、路等配套齐全。

（2）*彻底清塘消毒*　冬季抽干池水，冻晒塘 1 个月后进水 30 厘米，亩用生石灰 250 千克，采取在池中挖穴浸泡、化浆泼浇的方式，杀灭池中潜在的病原体和敌害生物。

（3）*逐次施肥培水*　3 月左右，当水温达到 8～10℃时，以腐熟发酵的猪粪作为基肥，采取行间距 2 米×3 米打点的方式设置肥料点，亩施 200 千克，让其逐渐扩散，达到肥水的目的。此后视水质变化情况，以生物有机肥作为追肥，晴好天气为主可 20 天后追施，阴天为主则 15 天后追施。此外，在 7 月虾苗下塘前，应提前7～10天肥1次水，使水质达到肥而活、嫩且爽。

（4）水草栽种管护　3月底，当水温达到10℃左右时，在距离微孔管两边2米处，按行间距1米×1米全池移植15厘米左右的轮叶黑藻。并在深水区种植黄丝草、浅水区种植苦草。当轮叶黑藻叶片出现污垢时，立即用枯草芽孢杆菌，使水草保持持续良好的净水功能；当轮叶黑藻长至水面时，按微孔管道设置的方向，及时采取间割茬措施，即割2米宽、留2米宽。

（5）实行两次放种　去冬今春，把其中1口塘作为蟹种暂养池，全池散放肢体健全、无病无伤、活动敏捷、规格为100～120只/千克的自育蟹种40 000只。2～3月蟹种完成第一次蜕壳、规格达40～60只/千克时，按300只/亩的密度套放至另外3口池塘；4月中旬至5月上旬，当蟹种完成第二次蜕壳、规格达30～35只/千克时，再向这3口池塘套放500只/亩。同时，2～3月亩放规格为2 400只/千克的过池虾种15千克，7月每亩再套放规格为12 000～13 000只/千克的夏花虾苗2.5千克。

（6）饵料科学投喂　3月亩投放鲜活螺蛳400千克，为河蟹提供天然饵料。同时，结合天气、温度变化和河蟹、青虾活动情况，灵活调整饵料品种和投喂量，并按照“四定、四看”的投喂方法，进行科学的投饵管理。4月前，以投喂颗粒饲料为主，促进青虾的快速生长；4～7月，以动物性饵料作为河蟹开口饵料，适当搭配颗粒饲料；7～9月，投喂颗粒饲料为主，搭配动物性饵料催肥；9～10月，投喂动物性饵料，适当搭配豆粕、大豆等能量饲料来保膘。投饵量一般按河蟹体重的5%～8%计算，以投喂后4小时吃完为宜。投饵方法为全池均匀撒投，池塘四周坡面适当多投。

（7）注重水质调控　池塘补水要适量，通常每次加水3～5厘米；黄梅季节，水位突涨10厘米以上时，应及时排水。养殖期间，坚持采用生物制剂和底质改良剂相结合的方法来调节水质。5月，每15天使用1次生物制剂；6月，每10天使用1次生物制剂；进入高温季节，每5～7天使用1次生物制剂；每次使用生物制剂4～5天后，用1次底质改良剂。以此调节水质改良底质，增加水体有益菌群，促进物质良性转化，确保水质达到鲜、活、嫩、爽。

（8）外消内服防病　按照“预防为主、防治结合”的方针，坚持生态调控与科学用药相结合，预防和控制水产病害的发生。4月底至5月初、9月中下旬，全池泼洒1次硫酸锌，用于防治纤毛虫；5～9月，每半个月对水体进行1次消毒。在河蟹生长季节，每月投喂一次添加了适量免疫多糖和复合维生素的饵料；病害易发季节，投喂添加了中草药的饵料。投喂动物性饵料时，坚持先用清水进行清洗，再用生物菌浸泡半小时后投喂。外消内服，促进河蟹免疫力和抗病力的提高。

（9）常用微孔增氧　在河蟹、青虾、鱼类快速生长的5～9月，当温度升高到20℃以上时，开始使用微孔管道增氧设施，正常天气24:00至翌日6:00增氧，可保持池塘上中下三层水体溶氧量6～8毫克/升，确保鱼虾蟹正常摄食生长；闷热天气19:00开始增氧至翌日8:00，确保池塘上中下三层水体平均溶氧量保持6～8毫克/升。

（10）适时适价上市　按照“少量多次、捕大留小”的原则，在4月前后和9月底以后两个时间段，分批逐次地及时将商品虾捕捞上市；10月以后，结合市场行情，适时适价捕捞河蟹上市销售。

（11）养殖效益　经统计，2013年共产河蟹4 762千克，青虾2 200千克，实现总产值489 100元，总效益262 900元，亩均效益6 918.4元，详见表4-1和表4-2。

表4-1　河蟹养殖收获情况

品种	数量（只、尾）	规格（克/只）	产量（千克）	亩产（千克）	回捕率（%）	总产值（元）	亩产值（元）
河蟹	30 330	157	4 762	125.3	75.8	357 100	9 397.5
青虾			2 200	57.9		132 000	3 473.6
合计			6 962	183.2		489 100	12 871.1

表4-2　河蟹养殖成本效益情况

单位：元

塘租	螺蛳	苗种	饲料	生物制剂	水电费	人工工资	其他	总产值	总效益	亩均效益
25 800	19 000	71 200	64 000	21 000	7 200	10 000	8 000	489 100	262 900	6 918.4

9. 养殖实例二　金坛市直溪镇建昌水产养殖场渔业科技入户工程科技示范户薛金庚，养殖面积60亩。2013年采用蟹虾鱼“155”生态高效养殖模式，其主要技术要点如下：

（1）塘口准备　池塘水源充足，取自直溪境内的天然湖泊天荒湖，水草、螺蚬等生物资源极其丰富，非常适合河蟹、青虾和沙塘鳢的养殖。养殖池塘10亩塘2个，20亩塘2个，池塘条件优良，呈东西走向，塘埂宽1.5～2米，坡比1：（2.5～3），池底淤泥小于10厘米，防逃设施、排灌设施和微孔增氧设施齐全。

(2) 冬季干塘消毒　冬季清塘后将池水抽干，曝晒池塘30天以上至底泥开裂，加水10厘米，每亩用生石灰150～200千克，化水后立即全池泼洒，彻底杀灭池塘中的病原体和有害生物。

(3) 前期肥水　在生石灰药效消失后（清塘消毒后8～10天），每亩（1米水深）施用以鸡粪为原料并含有中、微量元素的水产专用生物有机肥35千克，至水色渐变，促进水草、螺蛳、轮虫、枝角类和桡足类等生长繁衍，为河蟹、青虾和沙塘鳢提供优质的生物饵料。4月，为保持水体肥度，每亩追施生物有机肥15千克。

(4) 水草种植　选择伊乐藻、苦草、轮叶黑藻三个水草品种，伊乐藻在2月之前种植结束，集中种植在池塘周围，每亩（按实际种植面积计算）用草量20～25千克，5月根据长势进行割头，使其保持在水面30厘米以下，防止水草露头，影响风浪和造成伊乐藻死亡；4月种植苦草和轮叶黑藻，苦草种每亩用0.5千克，将种子揉搓后全池泼洒，轮叶黑藻每亩用1.5～2厘米长的根茎7.1千克，早期用密网眼将其隔开，以免被河蟹破坏。

(5) 投放螺蛳　清明节前，选取优质水体所产无杂质螺蛳400千克，移植到池塘的水草种植区，所繁幼体为幼蟹提供适口饵料。5～7月是螺蛳大量繁殖的时期，期间根据螺蛳的存塘量适当补放100～200千克，为后期成蟹提供鲜活饵料。

(6) 苗种放养　3月之前，放养120～160只/千克的优质蟹种1 000只/亩，1 500～2 000尾/千克的优质春季过池虾15千克；3月中旬，在水草栽培区放养成熟度好、体质健壮、体表无损伤，雌鱼规格70克以上、雄鱼规格80克以上的塘鳢11尾，其中雌鱼5尾、雄鱼6尾；7～8月补放规格为7 000～8 000尾/千克的当年“太湖1号”虾苗，每亩补放5万尾。

(7) 养殖管理

①水位调控：春季放养前期水位保持在0.4～0.5米，有利于增加水体积温，促进水生植物的光合作用和生物饵料的繁殖。高温季节水位渐升至1.3～1.5米，降低高温对蟹虾鱼及水草的伤害。高温期过后，水位逐渐降至0.8米左右。

②水质调节：结合天气情况，每月施用1～2次生物制剂和底质改良剂，以调节水质和改善底质，使水体的透明度保持在25～30厘米；肥水，根据水质的肥瘦情况，选用生物有机肥或者氨基酸肥水膏进行肥水，提高水体肥度；补水，为了促进河蟹的生长和顺利蜕壳，换水时要增加水体的钙、磷、钠、钾

等无机盐类，河蟹、青虾蜕壳期间泼洒葡萄糖离子钙水溶液；换水，养殖期间应密切关注水质，换水应少于池水的2/3，并且应选在傍晚进行。

③及时增氧：养殖过程中，根据天气情况及时增氧。闷热天气时，增氧时间为傍晚至翌日早晨；高温季节，增氧时间为半夜至翌日天亮；连续阴雨天气需全天开机，溶氧应始终保持在5毫克/升以上；用药、调水及喂料时，开启增氧机，以保证池水溶氧充足。

④水草管护：水草覆盖量前期控制在30%～40%，后期控制在50%～60%。在高温季节，避免出现"疯长"和"腐烂"现象，采用"人工割除"和"加深水位"的方式控制水草长势。对于河蟹夹断水草或者烂草较多的池塘，及时捞出并使用净水和解毒产品进行处理。为促进水草生长，5～6月，每亩每月施5千克磷酸钙。

⑤饲料投喂：杂食性的河蟹喜食动物性饵料和植物性饵料，青虾则主要摄食河蟹饲料残渣，沙塘鳢前期摄食水体中的红虫，后期以虾苗为主食。养殖过程中坚持两头精、中间粗的投喂标准。前期以蛋白质含量为38%左右的饲料为主，中期饲料蛋白质含量为32%～30%，后期投喂36%蛋白饲料，并适当搭配小麦、玉米等植物性饵料。同时，为增强河蟹体质，5～7天投喂1次冰杂鱼（傍晚投喂，7～8月高温季节不喂，以免败坏水质）。投喂注意事项：2～4月，饲料隔天投喂，之后每天投喂1次，投喂时间为16:00，投喂方式和投喂量根据河蟹的生长阶段（蜕壳情况）、天气情况和水质情况及时调整；投喂大颗粒饲料时，应少量搭配小颗粒饲料，促进小规格河蟹的摄食和生长，定点投喂的同时少量散撒水中和浅滩处。河蟹蜕壳后，要加强冰鲜鱼和精饲料投喂，加快其生长。

⑥病害防治：蟹苗下塘前，用食盐水或高锰酸钾水进行药浴消毒3分钟。养殖过程中定期用生石灰进行水体消毒，每15～30天使用1次生石灰，每次4～6千克/亩，不仅可以有效杀灭水中的病菌，还可以调节水体的pH。6月和9月，用含有硫酸锌的药剂和碘制剂进行水体杀虫消毒各1次。用药应避开河蟹、青虾的蜕壳期，同时，应在蟹病流行季节前进行药物预防，可有效增强河蟹的抗病力。

（8）捕捞销售　捕捞方式以轮捕为主：青虾达到商品虾规格（350尾/千克）及时捕捞上市，捕捞方式为地笼套捕；8月之后，沙塘鳢用抄网抄捕销售；10月底至11月上旬，河蟹成熟后，根据市场行情，将河蟹捕捞上市，捕捞方式为地笼套捕。

（9）产量与效益 经统计，2013年，共产河蟹6 542千克，青虾1 337千克，塘鳢1 068千克，总产值675 936元，亩均产值11 265.6元，亩均效益5 947.6元，详见表4-3和表4-4。

表4-3 河蟹养殖收获情况

品种	数量（只、尾）	规格（克/只）	产量（千克）	亩产（千克）	回捕率（%）	总产值（元）	亩产值（元）
河蟹	40 135	163	6 542	109	67.4	510 276	8 504.6
青虾			1 337	35.2		80 220	1 337
塘鳢			1 068	28.1		85 440	1 424
合计			7 879	144.2		675 936	11 265.6

表4-4 河蟹养殖成本效益情况

单位：元

塘租	螺蛳	苗种	饲料	生物制剂	水电费	人工工资	其他	总产值	总效益	亩均效益
24 000	27 000	102 300	87 120	27 360	8 700	21 000	21 600	675 936	356 856	5 947.6

二、蟹池“631”生态高效养殖模式

在江南大部分区域，河蟹池套养品种为鳜、青虾等。本模式根据河蟹、鳜、异育银鲫、青虾等养殖品种的生物学特性，采取生物生态操纵（种草投螺、生物制剂调节水质等）方法，充分利用蟹池的有效水体空间，将这些养殖对象优化组合、合理搭配，在池塘中进行标准化生态养殖，提高池塘综合生产能力，达到生态、优质、高产、高效几方面的有机统一。蟹池“631”生态高效养殖模式，是按照池塘生态位原理和食物链原则，以河蟹为主，科学搭配鳜、翘嘴红鲌、异育银鲫、青虾等养殖品种，实现亩产河蟹60千克、青虾30千克、其他优质鱼类100千克左右，亩效益3 000元左右的池塘综合生态高效养殖模式。其主要技术要点如下：

1. 改造池塘工程结构 经过多年养殖的池塘，普遍存在着水位较浅、池埂破损、形状不规则和产出能力不强等问题，不利于河蟹的生态高效养殖。蟹池“631”生态高效养殖模式，就是针对蟹池养殖品种较多、池塘载鱼量较大、对养殖池塘条件要求较高的实际，应用池塘工程学原理，在冬季养殖间期，对池塘进行彻底清淤，清除过多淤泥，使池塘底部淤泥保留10厘米左右，水深

1.5～2米的面积占全池面积的40%以上；修补池边，使池塘坡比达1∶3；用盖塑板或防逃网设立防逃设施，并改造水、电、路等配套基础设施，把低标准池塘改造为高标准池塘。一方面可扩大水体容量，大大地提高了池塘承载力；另一方面可清除淤泥中的病原微生物，降低了河蟹的病害发生率，有效地改善了高效渔业规模化生产条件。

2. 营造池塘良好环境 蟹池“631”生态高效养殖模式，是生态、优质、高产、高效的养殖模式，对水体环境营造要求较高。具体做法是种植水草、暂养区设置和移植螺蛳，同时，做好水质与水位调节，保证河蟹健康生长。

（1）种植水草 水草既是河蟹栖息、避敌蜕壳的场所，也是河蟹喜食的饵料，夏季还可起到防暑降温，同时还能净化水质，利用光合作用增加水中溶氧，促进河蟹生长的作用。种植时间一般在池塘清整结束后，以种植复合型水草为主，水草品种以伊乐藻为主，把伊乐藻切茎分段扦插，行间距5～6米，全池栽插，在伊乐藻长成后，空隙处种植轮叶黑藻、苦草等沉水植物，使水草覆盖率保持在50%左右。

（2）设置暂养区 暂养区的设置有利于蟹种的集中强化培育，还可确保除此区域外的水草生长。具体做法是：在池中用拦网围成圆形或方形的区域，网上贴有防逃膜，面积约占全池水面的20%。

（3）投放螺蛳 螺蛳一方面是河蟹喜食的鲜活饵料；另一方面又能摄取池塘水体中因底泥、残渣剩饵所致的有机营养物质，在满足自己不断生长繁殖的同时，改善了池塘的底质，净化了池塘水质。但一次过多投放螺蛳，易造成缺氧并与河蟹争夺饲料，应分2次投放。具体做法是：在清明前后，每亩投放活螺蛳200～250千克，7～8月，每亩再补放150～200千克。

（4）调节水位 河蟹生长适宜水温为15～30℃，最适生长水温为25～28℃，水温在33℃以上时便停止摄食。水位按照“前浅、中深、后稳”的原则，分三个阶段进行调节。前期气温和水温较低，采用浅水位，有利于养殖水体水温的迅速提高，使河蟹、青虾尽快进入正常摄食状态并蜕壳生长；中期高温季节，须适当加深水位，有利于降低水体温度，让河蟹正常摄食和蜕壳；后期稳定在一个适中的水位，有利于保持正常水温，让河蟹有一个稳定的增重育肥和顺利生长的水体环境。具体做法：3～5月水位维持在0.5～0.6米，6～8月水位控制在1.2～1.5米，9～11月稳定在1～1.2米。

（5）调节水质 体现水体环境的重要因素之一是水质，水质的重要指标是溶氧保持在5毫克/升以上，透明度40厘米以上，pH7.5左右，氨氮0.1毫克/升以内。要使水质保持“鲜、活、嫩、爽”，5～7天注水1次，高温季节每天注水10～20厘米，特别是在河蟹每次蜕壳期，要勤注水，以刺激河蟹蜕壳生长。

3. 放养整齐优质种苗 提高放养水产苗种质量，扩大良种覆盖率，是实施好蟹池“631”生态高效养殖技术模式的关键所在。为此，在整合和集成现有种苗培育技术措施的基础上，根据不同养殖品种生态位、生活空间差异，以放养蟹种为主，适当套放青虾种、鳜、翘嘴红鲌、细鳞斜颌鲴和黄颡鱼等优质鱼苗，这也是提高蟹池综合产出率的重要支撑。

（1）放养自育蟹种 自育蟹种，是养殖户自己从大眼幼体开始培育成仔蟹，再经过120～150天饲养，培育成性腺未成熟的幼蟹。放养体质好、肢体健全、无病害且规格为120～160只/千克自育蟹种，是提高河蟹质量、产量同步上升的前提措施。一般放养量为600～800只/亩，先放入蟹种暂养区强化培育，在5月青虾基本捕捞结束以后，再全池散放。

（2）轮养青虾 蟹池在5月前，主要为水草培植阶段，利用此阶段水体空间大、生物量小的特点轮养青虾，可提高池塘综合产出效益。在池塘清整消毒后（1～2月），一般放养规格为1 000～2 000尾/千克的过池虾种10千克/亩。

（3）套养优质鱼类 根据不同鱼类的生物学特性进行合理套养，有效提高单位面积产量，以此进一步提高经济效益。翘嘴红鲌是以中上层小杂鱼为食，细鳞斜颌鲴为中下层刮食性鱼类，鳜是以底层小杂鱼为主要摄食对象，可合理利用蟹池中、底层随水和水草中带来的小杂鱼类，异育银鲫以底层残饵等有机碎屑为食，花、白鲢为上层滤食性鱼类，摄食水中浮游动物和浮游植物，还可产卵繁殖，为鳜提供充足、适口的饵料鱼。2～3月，放规格为10～20尾/千克的花、白鲢鱼种各10尾/亩、异育银鲫鱼种50尾/亩；3月底，放规格为20～30克/尾的黄颡鱼鱼种100尾/亩；4月初，放规格为10厘米左右/尾的翘嘴红鲌、细鳞斜颌鲴鱼种20尾/亩；5月底至6月初，放规格为5～7厘米/尾的鳜鱼种30尾/亩。

4. 科学投喂饵料 由于池塘养殖品种较多，生物载重量较大，如何进行科学合理的投饵，是蟹池“631”生态高效养殖模式难点之一。为此，采取“统筹兼顾、各有侧重”，“先鱼后蟹、先粗后精”的投饵方法进行科学投喂，在让河蟹吃饱吃好的同时兼顾其他吃食鱼类，从而提高饲料的转化率和回报率。在饵料品种上，坚持“因种制宜、区别对待”的原则，先投喂粗饲料以满足鱼类的需要，再投喂精饲料，确保河蟹、青虾正常摄食。在投喂方法上，鱼饲料采取定点多点投喂，河蟹饲料采取全池撒投。具体做法为：

（1）在冬季青虾轮养期间，待水温上升到10℃左右，全池施用100～150千克/亩的有机肥，培育浮游生物和底栖生物，为青虾提供天然活性饵料。并坚持投喂青虾专用颗粒饲料，投饲量以存塘青虾体重的5%计算。

（2）蟹种在暂养区强化培育期间，每天以新鲜小杂鱼等动物性饵料为主食，适当搭配颗粒饲料。新鲜小杂鱼需切碎投喂，投喂量为1千克/亩。

（3）5月，青虾基本捕捞结束后，撤除蟹种暂养区围栏设施，进行全池散养。在投喂河蟹饵料前，先投喂蛋白含量在26%～28%的异育银鲫饲料，确保鱼类摄食充足；2小时后，再投喂蛋白含量在32%以上的河蟹饲料，最后投喂青虾饲料。按照科学投喂原则，切实加强投喂管理，日投饵量为5%～8%，并根据季节、天气、水色等情况灵活调节，晴天多喂，阴雨天少投。在水温超过30℃的季节，实行“两改”：即把投饵地点由浅水区改为深水处，把投喂蛋白含量在32%以上的饲料改为蛋白含量在30%左右的饲料，以保证河蟹安全度夏。在河蟹性成熟时，由于河蟹活动量加大，下午吃食量减少，把下午投喂改为上午投喂，以提高饵料利用率。

（4）翘嘴红鲌主要摄食水体中上层小型野杂鱼；细鳞斜颌鲴与其他鱼类混养无食性矛盾，主要以刮取蟹池中的藻类和有机碎屑为食，并能清扫食物残饵，净化水质；黄颡鱼以池中小野杂鱼虾为食，兼食部分鱼饲料。

（5）由于异育银鲫及其他小型野杂鱼类的产卵繁殖，孵出的鱼苗和长成的幼鱼基本能满足鳜的生长需求。如饵料鱼不足，则可补充银鲫或花、白鲢夏花作为鳜的补充饵料。

5. 坚持生态与生物防病 遵循“预防为主、防治结合”的原则，坚持生态调节与科学用药相结合，积极采取清塘消毒、种植水草、科学投饵、调节水质等技术措施，预防和控制疾病的发生。一是注重微生态制剂应用，采用“上下结合”的办法，每10～15天用EM原露等生物菌全池泼洒1次，改善池塘水质，同时用底质改良剂改良蟹池底质。全年用生物菌溶水喷洒颗粒饲料投喂，提高河蟹的免疫力。由于生物菌大多耗氧，所以泼洒生物菌应在晴天，并开启增氧机，防止池塘缺氧。二是提早药物预防，着重抓住“防、控、保”三个阶段：4月底至5月初，采用硫酸锌复配剂预防纤毛虫，相隔1～2天后，使用溴氯海因或碘制剂进行水体消毒，并用1%中草药制成颗粒药料，连续投喂5～7天，做好预防工作，防止病害发生；梅雨结束高温来临之前，进行水体消毒和内服药饵，控制高温期病害发生；9月中旬，结合水体消毒和内服药饵，全面扑杀1次纤毛虫，确保河蟹顺利渡过最后增重育肥期。三是应用生物操纵技术，在蟹池中适量搭配刮食性鱼类，以此解决蟹池青苔大量滋生难以控制的难题，有效地控制了水产病害发生率，大大地降低了药物使用量，既提高了水产品质量，又提高池塘综合产出能力。

6. 适时捕捞上市 冬季轮养的青虾，经过春季饲养，在5月中旬即可上市，可用地笼即时捕捉；5月底至6月初，河蟹撤除暂养区之前基本捕捉结束，否则河蟹全池散放后，将影响青虾产量。河蟹成熟后，即可用地笼捕捉，待捕捞结束时再进行干塘，其他套养品种在干塘时一并捕捞上市。

7. 养殖实例 金坛市朱林镇沙湖村朱明生河蟹高产高效养殖情况介绍如下：

（1）池塘条件 蟹塘选择在朱林镇沙湖村小沙河北侧，水源充足，水质清新无污染，符合国家渔业水质标准，注排水方便，池深1.8米，坡比1∶3，淤泥深约10厘米左右，四周用钙塑板建成防逃设施。面积38亩，共3口蟹池，分别为16亩、12亩和10亩。

（2）放养前准备

①清塘消毒：冬季干塘冻晒1个月左右的时间，用清淤机清除池中过多的淤泥，留有10厘米的淤泥，用于后期种植水草和移植培养螺蛳。1月全池上水10厘米左右，并用生石灰8 000千克全池泼洒，亩均用量210.5千克。

②种植水草：2月15～22日，栽植伊乐草，行间距5米×4米，并于当月27日施用复合肥150千克，培肥水质。

③移植螺蛳：分两期移植螺蛳。前期在4月7日移植螺蛳11 200千克，亩均295千克；后期在7月13日补植螺蛳7 000千克，亩均投放量184千克。

（3）种苗放养

①蟹种放养：选择体质健壮、活动敏捷、足爪无损的本地自育蟹种24 700只，规格在120～160只/千克，于4月13～16日分批用EM原露浸泡蟹种20～30分钟，再投放到暂养区中暂养。待蟹池中的水草长成和蟹池中的青虾捕捞结束后，于5月20日将暂养区内的种苗全池散放。

②套放青虾、银育银鲫、黄颡鱼和鳜等苗种：2月26日至3月7日，在蟹池中投放规格为1 800～2 000尾/千克的本地青虾苗360千克。3月3日，投放大规格银鲫200千克。3月20～25日，放养黄颡鱼鱼种41千克。5月21日，在蟹池中投放5厘米以上的鳜鱼苗600尾。

（4）饲养管理

①饲料投喂：前期以小鱼为主，中后期以颗粒饲料为主。前期投喂量约占河蟹体重的3.5%，中期约占5.5%，后期约占7.5%。并视天气、水质和河蟹的摄食情况，灵活调整投喂量。

②水质管理：根据蟹池中的水质浓度和水位的高低，适时排注水，保持池水的透明度在30～40厘米，7～8月，保持池水水位在1.2米左右，并经常使用EM原露调节水质。

③病害防治：按照预防为主、防治结合的原则，采用"前防、中控、后保"的防病措施，确保河蟹丰产丰收。前防：4月27日，采用硫酸锌复配剂杀纤毛虫1次，相隔2天后用碘制剂进行水体消毒，并在5月3日后用1%的中草药制成颗粒药饵投喂，连续投喂5～7天，防止病害的发生。中控：6月29日，在梅雨期后及高温来临之前，用药扑杀纤毛虫，并用外消内服药物，控制高温期间病害暴发。后保：9月21日，补杀纤毛虫，2天后，进行水体消毒和内服药饵，加强饲养管理，增强河蟹的体质，提高抗病能力，确保增重育肥上市。

（5）捕捞上市　5月13日至6月15日，用地笼对青虾进行捕捞上市销售。10月21日至12月21日，用地笼和干塘的方法，分别将河蟹、鳜、银鲫、青虾及野杂鱼捕捞上市销售。

（6）经济效益分析

①产量与产值：全年共收获河蟹3 110千克，平均亩产81.84千克，平均规格148克/只；青虾1 150千克，平均亩产30.26千克；鳜288千克，平均亩产7.58千克；黄颡鱼330千克，平均亩产8.68千克；其他鱼类2 380千克，平均亩产62.63千克。具体收获情况见表4-5。

表4-5　河蟹养殖收获情况

品种	数量（只、尾）	规格（克/只）	产量（千克）	亩产（千克）	回捕率（%）	产值（元）	亩产（元）
河蟹	20 980	148	3 110	81.84	84.9	217 738	5 729.95
青虾			1 150	30.26		41 400	1 089.47
鳜	505		288	7.58	84.2	10 560	277.89
黄颡鱼			330	8.68		9 286	244.37
其他			2 380	62.63		20 380	536.32
合计			7 258	190.99		299 364	7 878

②效益分析：实现河蟹产值217 738元，青虾41 400元，鳜10 560元，

黄颡鱼 9 286 元，其他鱼类 20 380 元，合计产值 299 364 元。扣除生产成本 88 566元，获毛利 210 760 元，亩均毛利 5 546 元。具体效益情况见表 4-6。

表 4-6　河蟹养殖成本效益情况

单位：元

塘租	螺蛳	苗种	饲料	药费	水电费	零工工资	其他	总产值	总效益	亩均效益
6 840	12 000	23 826	25 200	2 600	4 200	6 000	7 900	299 326	210 760	5 546

（7）小结与讨论　蟹池合理套养青虾、鳜等其他名优水产品种，不仅不会影响河蟹生长，而且填补了生态位空白，提高了池塘综合生产能力，提升了养殖效益。应用生物过滤吸收及营养级串联效应，引进顶级消费者鳜可以抑制中小型鱼类数量，提高饲料的转化率和利用率。通过鱼类活动可以降低青苔的发生，减少药物使用量，修复了池塘生态环境，提高了水产品质量。适量放养异育银鲫，有利于提高鳜成活率。

定期使用 EM 原露调节水质，可以降低底层亚硝酸盐和硫化氢等有害气体毒性，促进物质循环，增强了蟹体免疫力。

第二节　江北优质成蟹养殖模式

长江以北地区河蟹养殖历史悠久，养殖类型有湖泊养蟹、池塘养蟹、河道养蟹和围田提水养蟹等。其中，以围田提水养蟹为主，即利用地势低洼的农田，采取四周挖沟筑堤，从自然河道中提水进入池塘的养蟹方式。这种蟹池具有开发费用低、不破坏农田的田容田貌、养殖经济效益高等优点。经过科技人员和广大蟹农 30 多年的不断探索和努力，形成了以兴化、盐都、宝应、建湖等县（市、区）为代表的里下河地区养蟹片，以泗洪、泗阳、金湖、洪泽为代表的洪泽湖周边养蟹片。近几年来，随着市场不断的变化和养蟹技术的创新，实现了由“大养蟹”向“养大蟹”“养优质蟹”“养生态蟹”的转变，出现了“兴化红膏养蟹模式”“盐都大纵湖养蟹模式”“金湖洪泽湖养蟹模式”等优质蟹高效养殖典型。归纳总结长江以北地区优质成蟹养殖模式，其共同特点是以河蟹为主导品种，以提高河蟹产量、规格、品质和良好的生态环境为前提，以节能减排技术为支撑，通过种草投螺等生态修复技术措施，建立起完善的良性生态系统，从养殖环境内部控制和降低养蟹自身对水域环境的干扰破坏，从而达到生态、优质、高产、高效的有机统一。本模式河蟹亩产量一般为 50～75

千克，雌蟹规格100克、雄蟹150克以上，亩效益2 000～5 000元，商品蟹达到无公害食品标准。

一、池塘条件与准备

1. 池塘条件　要求水源充足，水质清新，周围无威胁养殖用水的污染源，水质、底质必须符合《无公害食品　淡水养殖产地环境条件》（NY 5361—2010）标准。标准养蟹池塘最好为长方形，东西向，单口池面积25亩左右，水深一般不低于1.3米，最好在1.5米左右，并设有浅水区或建有“蟹岛”。对“蟹岛”的形态没有具体要求，主要是供河蟹摄食、蜕壳、栖息和回避池中缺氧后暂居场所，“蟹岛”应低于水面10厘米左右，使水老鼠、鸟类无法定居。围田提水池塘要求四周离池埂5米开挖环沟，沟宽6～10米、深0.8米，沟的面积占池塘总面积的10%左右。同时，要求塘堤坚固，防漏、防渗性能好，池底较平坦，向出水口略有倾斜，要有一定的比降。面积不限，一般以30亩以上、100亩左右为宜，池深1.2～1.5米，池埂内坡比为1∶（3～4）。配备水泵、船只和管理用房等生产、生活设施。为提高产量和降低风险，有条件的池塘可每亩配备0.15千瓦微孔管增氧设备。

2. 建防逃设施　河蟹具有较强的攀爬和逃逸能力，所选用的防逃墙材料必强光滑而坚实，周边既无可供蟹足支撑向上攀附的基点，又要考虑到材料耐久性和成本，以及材料来源是否方便等。一般选用抗氧化能力强的钙塑板（水泥板、铝板、石棉板、白铁皮等也可），沿池埂四周中间埋设，钙塑板高60～70厘米，埋入土内10～20厘米并压实，高出地面50～60厘米，板与板之间接头处应紧密，不留缝隙，将板打孔后用细铁丝拧紧固定在用木棍和小竹梢做成的桩上，并稍向池内倾斜，四角做成圆弧形。为了提高防逃效果，在池埂外侧用密眼聚乙烯网片将池塘四周围起，网底部埋入土内20厘米，网高1米左右，顶端缝上30厘米高的塑料薄膜倒檐（图4-1）。

3. 建进出水口　池塘两端分设进、出水口，进水口设在水位最高的界面上，用水泥涵管伸入池内，出水口设在进水口对面。进、出水口都用铁丝网封扎防逃，进水口还需加套筛绢制作的管袋，防止敌害生物随水进入（图4-2）。

4. 清塘消毒　冬季排干池水，加固池埂，堵塞漏洞，清除过多的淤泥，

图 4-1　蟹池防逃设施

图 4-2　蟹池进水口

使淤泥深度≤15 厘米，晒塘 20 天以上。放蟹种前 15 天，加水 15～20 厘米，每亩用优质生石灰 100～150 千克，化开后趁热全池泼洒，泼洒后第二天用铁耙将沉底的石灰块搅拌均匀；隔数日后，每亩再用浓度为 2.5%的食盐水浸泡茶粕 25 千克，10 小时后连渣带汁全池泼洒。

5. 设置暂养区　消毒后用密网围拦池塘 10%左右面积用于暂养蟹种，其余区域不让蟹种进入，用于种草和护草。至 5 月底前，待水草覆盖达 50%～60%时拆除暂养区网片，让蟹种进入大塘饲养。

二、生态环境营造

1. 栽种水草　在蟹池中种植水草可起到一举多得的作用，水草既是河蟹喜食的植物性饵料，又是河蟹蜕壳避敌的隐蔽场所，同时还能起到净化水质，通过光合作用增加水中溶氧的作用，有利于河蟹生长。在蟹池中栽植的主要水草品种有伊乐藻、轮叶黑藻、苦草和菹草等。伊乐藻萌芽早，是前期蟹池优良草种；苦草种植主要目的是形成“水下森林”，起生态调节水质的作用；轮叶黑藻和菹草能在高温时生长旺盛，是蟹池夏、秋季理想的草种。所以水草种植要品种多样化，水草覆盖率应达60%以上。水草栽种方法为：在蟹池深水区或环沟中栽植伊乐藻，保持10～15厘米的水深，采用切茎分段的方法扦插种植，用种量为每亩40～50千克，行间距为3米×4米，时间在2月底至3月初；3月底，在蟹池中间种植苦草和轮叶黑藻。苦草在播种前需用池水浸种3～5天，搓净外皮，再将纯种子用水浸1～3天进行催芽，当见到种子发白后，加少量塘泥兑水沿浅水带均匀洒播，用种量为每亩0.10～0.25千克，一般播种20天后便可出芽；轮叶黑藻在3月选择晴天播种其芽苞，数量为每亩0.5～1.0千克，播种时池水保持在10厘米左右，按行、株距50厘米，将芽苞3～5粒插入泥中，或者拌泥撒播。当水温升至15℃时，5～10天开始发芽。

2. 投放螺蛳　螺蛳主要摄食浮游生物及腐败有机质（包括动物尸体及下脚料），可有效降低蟹池中浮游生物含量，起到净化水质的作用，有利于河蟹生长。蟹池投放的螺蛳，可作为蟹的补充饵料，能明显降低养蟹的饲料成本、增加产量、改善商品蟹的品质。螺蛳投放方法：选择个体较大、贝壳面完整无破损、受惊时螺体能快速收回壳中的活螺蛳，同时盖帽能有力地紧盖螺口，螺体无蚂蟥等寄生虫寄生。投放时间在2～4月，4～7月螺蛳开始大量繁殖，仔螺蛳附着于蟹池的水草上，仔螺蛳不但稚嫩鲜美，而且营养丰富，利用率较高，是河蟹（尤其是刚放养的蟹种）最适口的饵料，正好适合蟹种第1次蜕壳和旺长的营养需要。投放时应先将螺蛳洗净，最好对螺体进行消毒处理，可用强氯精、二溴海因等杀灭螺蛳身上的细菌及原虫。每亩水面投放鲜活螺蛳250～300千克，均匀撒在浅水区。也可分两次投放，第一次亩投放150千克左右，6～8月再补投150～250千克。两次投放能防止一次投放量大，造成前期水质清瘦、青苔大量繁殖而影响河蟹的生长。

3. 注水施肥　进水时必须用60～80目筛绢做成的网袋过滤，防止野杂鱼等敌害生物进入养殖池。前期池塘注水 50～80 厘米，每亩施经腐熟发酵后的有机肥 100～300 千克，以促进水草生长、培育浮游生物和抑制青苔生长。方法是将肥料堆放在池塘的四角浅水处水面以下，最好将肥料装入编织袋内，用绳索拴住，水质过肥时可随时取出。套养青虾和新挖的蟹池必须施肥，老蟹池可少施或不施。

三、蟹种选购与放养

1. 蟹种来源 蟹种要求亲蟹品系纯正，来源于长江水系，雌性个体 100 克、雄性 125 克以上，用模拟天然条件土池繁殖的大眼幼体进行专池培育。蟹种来源：一是定点购苗，自育蟹种。自育的蟹种避免了暂养时间长和长途运输，成活率高，抗病力强，生长速率快，明显好于外购蟹种。二是到专门培育蟹种的单位或育种户选购。蟹种选购时坚持做到“五不要”，即杂蟹不要、受伤蟹不要、“僵蟹”与“早熟蟹”不要、病蟹与肢残蟹不要。

2. 放养密度、时间和规格 蟹种放养密度一般每亩 600～1 000 只为宜；放养时间以每年的 2～3 月为宜。过早因低温冻害而伤亡较重，过迟因水温上升，部分河蟹已蜕壳或接近蜕壳，会影响下塘成活率。蟹种放养规格以每千克 120～160 只为最好。规格过大，第一次蜕壳困难，损伤较重；规格过小，则生长基数不大，影响上市规格。

3. 套养其他苗种 为利用水中浮游生物，控制蟹池水质和消灭池中野杂鱼，可在 3 月上旬每亩套放规格为 200～250 克的鲢、鳙鱼种 30～50 尾；在 5 月左右，每亩套放抱卵青虾 1 千克左右；在 6 月上旬，每亩套放规格为 6 厘米以上的鳜鱼种 15～20 尾。

4. 苗种处理与消毒 蟹种放养前先用池水浸 2 分钟后提出片刻，再浸 2 分钟后提出，重复 3 次，放入木桶中用 3%～5%食盐水或用 15 毫克/升的高锰酸钾浸泡 10 分钟，然后放入暂养区内。青虾和鱼种都用 15 毫克/升的高锰酸钾浸浴 15 分钟，以杀灭苗种体表的寄生虫和病原菌。

四、饲料选用与精准投喂

1. 饲料种类 河蟹的植物性饲料有南瓜、土豆、玉米和小麦等；水草有伊乐藻、轮叶黑藻和金鱼藻等；动物性饲料有螺蛳、河蚌、淡水野杂鱼和冰鲜海水鱼等。如选用颗粒饵料，其粗蛋白含量应保持在28%～38%（放养初期和上市前蛋白含量应偏高些，中期可低一些），颗粒饵料在水中能保持4小时以上的稳定性。所选的人工饲料必须符合GB 13078以及NY 5072的规定。

2. 投喂原则　坚持“两头精、中间粗，荤素搭配”和“四看”“四定”的投喂原则，确保喂匀、喂足、喂好，尽量减少残剩。早期投喂小杂鱼和蛋白质含量为32%的配合饵料，力争蟹种早开食、早适应、早恢复，确保第一次顺利蜕壳；中期逐渐改投蛋白质含量为28%～30%的配合饲料，并增加投喂玉米、小麦、南瓜和土豆丝等植物性饲料；后期投喂蛋白含量高的配合饵料，并增加投喂海、淡水小杂鱼，促进河蟹最后一次蜕壳，以达到催肥壮膘增加体重和提高品质的目的。坚持看季节、看水色、看天气、看蟹吃食和活动情况确定投饵量，饲料投喂后3小时和翌日早晨检查饲料投喂点，以多个投喂点吃食情况综合判断，具体调整投饵量。

3. 精准投喂　早春水温10℃左右时选择晴天开始投喂，以新鲜小杂鱼绞碎后拌少量麦粉成团块状多点投喂，日投1次，时间为17:00，投喂量为在池蟹体重的2%～3%。5～8月，每天投2次，8:00～9:00，在深水区投喂占日投量的30%；17:00～18:00，在浅滩区投喂占日投量70%，日投量从3%逐渐增加到8%，饲料以全价颗粒饵料为主，搭配20%～30%的豆粕、玉米、小麦等。高温季节以投喂蛋白质含量为25%～28%的颗粒饵料为主，适当搭配南瓜、土豆丝等饲料。从8月下旬至9月，以蛋白质含量高的颗粒饲料和小杂鱼、螺蚬肉等动物性饲料为主，搭配20%左右的玉米、小麦等植物性饲料，日投量为8%～10%。

五、水质指标与调控

1. 水质指标　要求池塘水体保持透明度35～40厘米，溶解氧5毫克/升以上，pH7.5～8.5，氨氮0.2～0.5毫克/升，亚硝酸盐0.02毫克/升以下。以上水质指标可采用水质测试盒等手段定期进行检测，根据检测结果，对水环境进行必要的、有益的、及时的调控。

2. 水位调节　河蟹适宜蜕壳、生长的水温为25～28℃，按“前浅、中深、后勤”的原则灵活调节水位。2～3月蟹种放养初期，水深控制在0.6米左右，低水位有利于提高池水温度；5～7月水深稳定在0.8～1.0米，这阶段以补水为主；8～10月进入高温季节，水深掌握在1.0～1.2米，这阶段池水蒸发量较大，必须根据天气、水位、水温等情况，一般每周加水、换水1～2次，每次加水10～30厘米，必要时要边排边灌，换水温差不要超过±5℃，最好选择在凌晨外源水温低时注水。

3. 水质调控 池塘水质始终保持“肥、活、嫩、爽”的要求。根据池底积淤、透明度、水色浓淡、河蟹体色等情况，全年使用生石灰2～3次，有利于增加水中钙离子的浓度，用量每亩5～10千克，加水化浆后全池泼洒；7～9月，用EM菌或光合细菌等微生物制剂3～4次，EM菌全池泼洒用量为每亩0.5～1千克、光合细菌泼洒或拌土底施，用量为每亩5～6千克，在用生石灰等消毒剂后7～10天使用，微生物制剂使用前应增氧，预防在短期内大量繁衍耗氧而造成蟹池缺氧；高温季节或阴雨天气，当蟹池溶解氧含量低于3毫克/升时，应及时采取加水、换水或机械增氧等措施，突发性缺氧时或缺水、停电情况下可采用化学增氧。

六、日常管理与病害防治

1. 水草管护 这是优质河蟹养殖管理工作的重点，依据水草的生长特点，结合发挥水草最佳作用的原则，针对性地采取管理措施，做到水草布局合理，并有利于池水流动。6～9月水草覆盖率应始终维持在50%左右。前期做好施肥、降低水位和水草补缺措施；用生石灰清塘和多次消毒的池塘，要采取措施防止水质偏碱性而抑制水草生长；中期水草过量时，要割去水草的草头和疏除水草，草头要没入水面30厘米，留出水草生长空间，增加光合作用，保持旺盛生长，以达到净化水质最大效果；养殖后期因管理不到位水草覆盖率低的池塘，可适当补充水花生和青萍等；进入10月后，为调节蟹池水温、争取上市时间和捕蟹方便，逐步捞除蟹池内所有水草。

2. 日常巡查 每天早晚各巡塘1次，观察水质状况，蟹、虾、鱼的吃食与活动情况，防逃设施是否完好等，发现问题及时解决。防止水蛇、老鼠、鸟类等敌害生物进入养殖池，一旦发现需及时杀灭或驱赶。对天气、气温、水温、水质要进行定期测量和记录，尤其是苗种放养、饲料投喂与施肥、用药、捕捞与销售等情况应及时录入塘口档案。

3. 病害防治 4月底至5月初，采用硫酸锌等药物杀纤毛虫1次，相隔1～2天后，使用溴氯海因或碘制剂进行水体消毒，并用中草药制成颗粒药饵，连续投喂5～7天，做好预防工作，防止病害发生；梅雨结束高温来临之前，再用药物进行1次杀纤毛虫，并进行水体消毒和内服药饵，以控制高温期病害发生；9月中旬结合水体消毒和内服药饵，补杀纤毛虫，同时，加强投喂，增强河蟹体质和抗病能力，确保河蟹顺利渡过最后增重育肥期。用药必须严格执行NY 5071标准。

七、产品捕捞

1. 河蟹捕捞　时间为10～12月，以地笼张捕和徒手捕捉为主，灯光诱捕、干塘捕捉为辅。

2. 套养品种捕捞　在用地笼张捕河蟹时，将捕获的套养青虾和达到上市规格的鱼暂养起来集中销售，未达上市规格的及时放入池中继续饲养，年底干塘将所有套养鱼虾捕捉上市。

3. 河蟹暂养　在水质清新的大水面中设置上有盖网的防逃网箱，捕捉的成蟹必须经过2小时以上的网箱暂养。

4. 包装运输　成蟹分规格、分雌雄、分袋包装，包装可采用蒲包、窗纱网袋、竹筐、塑料箱等材料，包装品及垫充物应清洁、无毒、无污染。长途运输宜用冷藏运输车或选用其他有降温装置的运输设备。

八、养殖实例一

江苏省盐城市盐都区大冈镇渔业科技入户技术指导员陈万友，承包80亩土地挖池养蟹。2013年采用本模式，其养殖经营情况如下：放养规格为180只/千克的蟹种5.2万只，抱卵青虾40千克，6厘米左右的鳜夏花鱼种1 500尾，尾重200克左右的鲢、鳙种1 200尾。共投放螺蛳16吨，投喂某饲料厂河蟹专用配合饲料6 100千克，小杂鱼3 700千克，玉米750千克。收获成蟹6 120千克，平均规格雌蟹125克、雄蟹175克；青虾1 240千克，鳜810千克，平均规格650克；鲢、鳙1 440千克，平均规格1.25千克。总成本26.623 8万元，其中：土地租金80 000元（1 000元/亩），苗种费31 630万元（蟹种0.5元/只、青虾80元/千克、鳜鱼种0.9元/尾、鲢鳙鱼种0.9元/尾），饲料费77 408元（配合饲料6 500元/吨、螺蛳1 313元/吨、小杂鱼4元/千克、玉米2.6元/千克），水草种子7 200元，水电费6 000元，药物4 000元，人员工资40 000元，其他20 000元。总收入74.11万元，其中：河蟹587 520

元（均价 96 元/千克），青虾 86 800 元（均价 70 元/千克），鳜 56 700 元（均价 70 元/千克），鲢、鳙 10 080 元（均价 7 元/千克）。总纯收入 47.4 862 万元，亩均5 935.77元。

九、养殖实例二

江苏省兴化市安丰镇盛宋村渔业科技示范户张某，2013 年 110 亩池塘采用上述养殖模式，放养 170 只/千克蟹种 110 万只，抱卵青虾 10 千克，鳜鱼种 500 尾，鲢、鳙鱼种 300 尾。投入总成本 33.795 万元（含池塘租金 88 000 元及人工工资 60 000 元）。收获成蟹 11 000 千克，平均规格 125 克/只（雌蟹 100～110 克、雄蟹 150～160 克），单价 72 元/千克；收获青虾 500 千克，单价 46 元/千克；收获鳜 700 千克，单价 70 元/千克；收获鲢、鳙 500 千克，单价 5 元/千克；总产值 86.65 万元，总纯收入 52.855 万元；亩均产值7 877元，亩均纯收入 4 805 元。

第三节　河网区域优质成蟹养殖模式

在河网区域河蟹生态养殖过程中，采用仿原生态养殖措施，重点突出提水养殖、稀放大养、种草投螺、建立科学高效混养模式，实施河蟹产品质量优化技术示范，实现可控生态和全程质量优化，形成并完善了河蟹生态养殖技术体系。

一、池塘条件

1. 池塘标准　靠近水源，水量充沛，水质清新，无污染，进排水方便，交通便利；池塘形状长方形，长宽比 3∶2 左右；平均塘深不低于 2 米，有效蓄水深度不低于 1.5 米，单个养殖塘面积 30～150 亩，保持一定的坡比 1∶(2.5～3)，有一定比例的深水区。

2. 基础设施　加固池埂，实施护坡，进排水系统使用 PVC 管分开，池周用 60 厘米高的钙塑板或防逃膜作防逃设施，并以竹桩作防逃设施的支撑物，配有主干道路、动力、养殖机械等，安装微管增氧设施。

3. 清整消毒　秋冬排干池水，清除池底过多的淤泥，晒塘冻土。新开挖提水养殖池漫水浸泡 2 次，稀除残留农药。放养前 2 周用生石灰清塘消毒，每亩用生石灰 100 千克溶浆后，均匀泼洒在池底和四周坡岸表层。清塘以后的进水用 60 目规格的尼龙绢网袋过滤，防止野杂鱼类及其鱼卵进入池塘。

4. 水草种植　待清塘药性消失后，在池塘四周的浅水区栽一行宽 1 米的水草带，水草离池埂 3 米，池塘中间框围 15%水面的水草区，以伊乐藻为主，并搭配适量水韭菜或黄丝草，另还栽种一些沉水水草，长成后全池覆盖率达 60%左右。

5. 投螺施肥　清明前，每亩投放经消毒的活螺蛳 200 千克左右，全池均匀抛放。7～8 月根据蟹池螺蛳存塘量再补投 1 次螺蛳，投放量每亩 150 千克左右。每亩施经发酵的有机肥料 150～200 千克。

二、苗种放养

1. 蟹种选择　河蟹苗种是养殖关键，选用自育或本地培育的长江水系中华绒螯蟹幼蟹作蟹种，选择体色正常、色泽光亮、规格整齐，体质健壮、爬行敏捷、附肢齐全、指节无损伤、肝脏金黄色有光泽、鳃丝白色、无寄生虫附着的优质扣蟹放养。

2. 蟹种消毒　放养时，用 3%～4%食盐水溶液浸洗 3～5 分钟，或用15～20 毫克/升浓度的高锰酸钾浸泡 20～30 分钟。

3. 蟹种暂养　在池塘一角用 10 目聚乙烯网布围成一块较小面积的区域，作为蟹种暂养区。暂养区一般为池塘面积的 10%～20%，其余部分用于护养水草，待护养区的水草渐渐恢复、快速生长后，将暂养区的网拦撤除。

4. 放养密度　实施“小群体、大个体”的生产方式，提高大规格优质河蟹的出产比重，放养规格 120～160 只/千克的蟹种 550 只/亩左右，3 月底放养，采用一次放足、二级放养，将所需放养的蟹种一次性投放于已设置好的暂养区内，待护养区的水草渐渐恢复、快速生长后，拆除暂养区。

三、养殖模式

1. 套养鲢、鳙　每亩池塘放养 1 龄鲢、鳙鱼种 30～60 尾，规格为每千克 10～20 尾。

2. 套养鳜　河蟹养殖池中套养鳜，两者互不相残，而且具有互补作用，6

月中旬每亩放养5～7厘米的鳜鱼种20～50尾。鳜下塘前一次投足饵料鱼，一般是鳜鱼苗尾数的4～5倍。15天以后，待饵料鱼剩余20%左右，再正常投喂。

3. 套养青虾 在5月中下旬投放抱卵虾，抱卵虾选择卵粒呈黄绿色、无伤残、平均规格4～6厘米的优质虾，每亩放3千克左右。亲虾下塘2～3天，每亩施生物有机肥1～3千克培育水质。仔虾孵出后3～5天，每亩用1千克黄豆浸泡磨浆去渣沿池边均匀泼洒，促其快速变成幼虾。

四、养殖管理

1. 饲料投喂 采用"四定""四看"方法投喂优质颗粒饲料，正常生长阶段每天投喂2次，上、下午各1次。上午占30%、下午占70%，沿池边投喂。上午投喂在深水处，下午投喂在浅水处。3～4月，恢复体力阶段，采用颗粒饲料加小杂鱼；前期（5～7月），以颗粒饲料为主；中期（8～9月），颗粒饲料加植物性饲料；后期（10～11月），颗粒饲料加小杂鱼，增加鲜活饲料，催肥促膘，提高鲜美度；河蟹蜕壳阶段，在饵料中添加维生素C、免疫多糖和蜕壳素等，使河蟹增强体质。高温期间以植物性饲料为主，阴雨天不投或少投。

2. 水质调控 整个饲养期间，始终保持水质清新，溶氧丰富，坚持"前浅、中深、后勤"的原则。即前期保持浅水位，以提高水温，促进蜕壳；中期特别是炎热的夏秋季，保持深水位。5月上旬前保持水位0.6～0.8米，7月上旬前保持水位0.8～1米，7月上旬后至8月底保持水位1.2～1.5米，9月后保持水位1.0～1.2米。6～9月每5～10天换水1次，春季、秋季隔2周换水1次，每次换水水深20～30厘米，先排后灌。每半个月每亩施用EM原露1 000毫升或使用扩大培养的EM每亩4～5千克，每2周泼洒1次生石灰。

3. 日常管理 每天早、中、晚巡塘，并作塘口记录。早晨巡塘时观察池坡上的残饵，同时检查防逃设施；中午巡塘主要观察池坡河蟹的多少，并测定14:00的水温；傍晚或夜间着重观察全池河蟹的活动、摄食与上岸情况，发现问题应及时采取措施。蜕壳是生长的关键，养殖时一定要注意河蟹是否完全蜕壳。

五、病害防控

遵循"预防为主、防治结合"的原则，坚持生态调节与科学用药相结合，做到早期防治蟹病。

1. 日常防疫工作　做好消毒工作，包括池塘的清塘消毒，蟹体的消毒，饵料及食场的消毒；在捕捞、运输过程中，尽量小心操作，避免蟹体损伤；合理搭配品种比例及放种的规格；选用优质饵料，避免饵料变质污染，保证河蟹在每个生长阶段都有适口的新鲜饵料；蟹病流行季节提前做好预防工作。在养殖期间，用底质改良剂和微生态制剂改善底质和调节水质，少量多次定期使用生石灰，适时开动增氧机。全年采用生物制剂兑水喷洒颗粒饲料后投喂。

2. 防治措施　4～5 月，用纤虫净、甲壳净、纤虫必克或硫酸锌复配剂等杀纤毛虫 1 次（在蜕壳前 7 天使用），相隔 1～2 天后，用溴氯海因或碘制剂进行水体消毒，并用 1%中草药制成颗粒药料，连续投喂 5～7 天；在黄梅天结束后、高温来临之前，进行 1 次水体消毒和内服药饵，连服 3 天；9 月中旬，杀 1 次纤毛虫，并进行水体消毒和内服药饵。

六、养殖实例

兴化市钓鱼镇春景村陈永宽，提水养殖河蟹面积 88 亩。亩投放规格为每千克 120～160 只的“长江 1 号”蟹种 700 只。蟹种下塘前用 3%的盐水浸泡 15～20 分钟后下塘，种植苦草、沟边栽植伊乐藻，确保水草覆盖面积不少于池塘面积的 1/3。坚持“两头青、中间精、荤素搭配”，“四定”“四看”的投喂方法，亩投喂颗粒饲料 300 千克、小杂鱼 50 千克、螺蛳 250 千克，每半个月用微生物制剂调节水质，高温季节及时换注新水，生产的大规格蟹青背白肚，色泽光亮，亩产河蟹 110 千克，亩均收入 6 200 元。

兴化市永丰镇三星村刘魏芳，河蟹养殖面积 50 亩，漂白粉清塘，水草以伊乐藻为主，亩放 5 克的幼蟹 700 只，花白鲢 300 尾，5 厘米鳜鱼苗 400 尾。放养螺蛳合计 1.5 万千克，投喂颗粒饵料 6 500 千克，植物性饵料 1 000 千克，小杂鱼约 3 000 千克，高温季节用光合细菌改善水质，经常使用改底药物进行改底，每月使用 1 次生石灰和含碘消毒剂。收获成蟹 3 900 千克，鳜 120 千克，花白鲢 350 千克，公蟹规格达到 200 克、母蟹规格达到 150 克以上，河蟹每亩平均产量 78 千克，总产值 53.83 万元，亩均利润 7 886 元。

第五章 河蟹湖泊生态养殖模式

第一节 湖泊网围生态高效养殖模式

湖泊网围养蟹是20世纪80年代末期发展起来的一种养蟹方式。它利用大中型湖泊水质良好、天然饵料资源丰富这一优势，通过建设一定面积的围栏，进行河蟹单养或鱼蟹混养。目前，已成为我国内陆水域一种重要的养蟹方式。

一、养殖区条件

网围养殖区水深0.8～2.5米，常年微流水。该水域水质清新，水生生物丰富，水生植物茂盛，溶氧保持在5毫克/升以上，pH7.5～9.0。

二、围网设置

1. 网围设计 每个网围设计面积15亩，总3 000个网围。每10个网围(2×5)相连组成一个小区，相邻网围间距3米，小区间设置60米宽的航道。与港口相通的航道宽100米。

2. 网围结构 网围采用两层网结构，外层为保护网，.内层为防逃网，两层间距2米，中间设置地笼网，以检查和防止河蟹外逃。一般用9股8号聚乙烯网片，网高于历史最高水位，网最高端接一T形倒挂网片或接30～40厘米的塑料薄膜，防止河蟹外逃。网围中间设置直径16米的圆形小网围，用于扣蟹初期培育。

网的最下段接直径10～12厘米的石笼并埋入湖底，网围用竹桩在外侧固定，竹桩间距1.5米左右，竹桩高于最高水位0.5米。

三、蟹种放养

1. 放养前准备

（1）清野　由于湖泊渔业资源丰富，各类幼鱼容易进入网围内，与河蟹争食甚至成为敌害。为提高河蟹成活率，给河蟹的生活、生长创造一个良好的环境，一般在冬季河蟹捕捞结束后及5月圆形小网围内河蟹外放前，采用电捕等方法清除敌害。或者视敌害生物数量，定期清除敌害。

（2）移栽水草　冬春季，网围内人工移栽伊乐藻、轮叶黑藻、苦草和金鱼藻等水生植物，网围内尽量保持多品种的水草优势种。河蟹生长期，视网围内水草数量移入或移出，控制网围内水草覆盖率在70%左右。

（3）放养螺蛳　清明前网围内投放活螺蛳，每亩投放量为200～400千克。8～9月，按螺蛳生物量情况，适当补充投放活螺蛳。

（4）改善底泥　一般用生石灰或底改生物制剂，调节水质和改善底泥。部分网围养殖区用天然水体中底泥替换原底泥，改善底泥质量。

2. 扣蟹放养

（1）选择优质蟹种　放养长江水系的中华绒螯蟹蟹种。本地培育或天然长江苗较好，要求规格整齐，体质健壮，附肢无损伤，色泽光洁。

（2）分级放养　选择冬春季天气晴暖的日子放养，蟹苗放养在小蟹圈内，培养时间30～90天。一般在4～5月上旬，网围内水草丰富，扣蟹蜕壳1～2次后放到15亩的大网围内。

（3）放养量　根据网围的环境条件和自身的管理水平确定合理放养量，一般控制在500～700只/亩，放养规格80～120只/千克。

（4）混养　以蟹为主，适当套养鱼虾。一般放养品种有鲢、鳙、青虾、鳜。其中，鲢、鳙10～15尾/亩，规格150～200克/尾；青虾5～10千克/亩，规格400～1 000只/千克；鳜10～15尾/亩，规格5～7厘米/尾。

四、饲养管理

1. 饵料投喂　春季，苗种在圆形小网围内暂养时，以植物性饵料为主，搭配适口的动物性饵料。植物性饵料一般用颗粒饲料或粉碎的玉米，动物性饵料用切细的新鲜小杂鱼。通过均匀泼洒方式投喂，每天投喂的数量根据蟹苗的摄食情况确定，一般为体重的 3%～4%。同时，经常检查蟹苗的生长情况，按蟹苗规格调整饵料颗粒的大小，以保持饵料的适口性。当发现水草减少时，要及时移栽补充水草数量。

5～6 月，蟹苗放入 15 亩网围时，水草已经繁茂，适量投喂动物性饵料及植物性饲料，投喂量为体重的 5%，在午后投喂 1 次。

7～9 月是河蟹生长旺盛期，晴朗天气每天投喂，以新鲜小鱼为主，配玉米投喂，日投饵量为河蟹体重的 7%～10%。看天气、水质和河蟹摄食情况，调整投喂量。

2. 水草、水质管理 开放性水域的湖泊，一般水体流畅，水质不易变坏。但夏季要防止水草过多，尤其是在伊乐藻进入衰老期时极易漂浮腐烂，要及时割除过多的水草及漂浮的杂草。并保持网围周边水环境清洁，以免影响网围内水质。在水交换相对较差的网围内，可用微孔增氧、增氧机等方式改善水质。

3. 日常检查 坚持早晚各巡查 1 次。白天主要观察水温、水质变化，晚上主要观察河蟹摄食、活动情况，以便及时调节管理措施。每天检查网围设施的网片有无漏洞，通过在两层网中张设地笼网，来检查是否有河蟹逃跑。在汛期和台风季节，要加强巡逻检查，做好设施加固、加高工作。定期检查饵料质量，科学合理投饵，提高饵料利用率。

4. 疾病防治 网围养殖是在敞水水域，必须坚持以防为主的原则进行疾病防治。蟹苗下池前，可用 3%的食盐水溶液浸泡 3～5 分钟，操作时动作轻快，防止蟹体受伤。水质变差时，用生石灰或底改制剂泼洒改善水域环境，防止疾病发生。当发现突发病害时，及时请专家会诊治疗。

五、成蟹捕捞

湖泊网围养殖河蟹的成熟期在 9 月中旬至 11 月下旬，集中捕捞期在 10 月中旬至 11 月上旬。一般使用地笼网捕捞。起捕后的河蟹按照规格和雌雄进行分级，分批放入暂养箱内，暂养箱规格一般为 2 米×2 米×1 米。暂养量一般为 50～100 千克，按照暂养时间、水温调节暂养密度。暂养时投喂玉米、螺蛳等饵料，保持河蟹的肥满度。

六、养殖效益

近两年，湖泊网围河蟹养殖的平均产量在55千克/亩，平均价格130元/千克，产值7 150元/亩，利润2 200元/亩。河蟹平均起捕规格0.15千克/只，回捕率50%～60%。

七、养殖实例一

养殖人：苏州市吴江区松陵镇江陵社区杨海兵。

养殖地点：水深0.8～1.6米。

养殖面积：15亩。

扣蟹放养量：10 000只，规格为90只/千克，扣蟹来源为太仓。

放养时间：上年12月至翌年1月。

养殖成本：总计12万元。其中，苗种1.1万，饲料4.3万，螺蛳水草1.1万，人工3.5万，其他2万。

收获：重量1 250千克，规格0.2千克/只，产值25万。

利润：13万元。

特点：

（1）安装增氧机。

（2）圆形小网围面积5亩，3月底第一次蜕壳后，河蟹放到全池。

（3）圆形小网围内水草以伊乐藻为主，大网围以内轮叶黑藻、金鱼藻为主。

（4）聘请技师常年指导，雇工生产。

八、养殖实例二

养殖人：苏州市吴中区东山太湖村徐玉根。

养殖地点：12区，水深1.5～2.3米。

扣蟹放养量：11 000只，规格为60只/千克，扣蟹来源为扬州。

放养时间：上年12月至翌年1月。

养殖成本：总计11万。其中，苗种3.3万，饲料4.5万，螺蛳水草2.5

万，其他 0.7 万。

收获：重量 1 100 千克，规格 0.2 千克/只，产值 22 万。

利润：11 万元。

特点：

(1) 圆形小网围面积 1.5 亩，5 月初河蟹放到全池。

(2) 全部放养长江天然扣蟹，苗种成本高，成熟时间比本地苗晚 15～20 天。

(3) 5 月后隔天投喂饲料。

(4) 回捕率 45%～50%，低于本地苗种。

九、养殖实例三

养殖人：苏州市吴中区东山太湖村华明志。

养殖地点：8 区，水深 1～1.8 米。

扣蟹放养量：10 500 只，规格为 100 只/千克，扣蟹来源为崇明。

扣蟹放养时间：1 月。

青虾放养量：50 千克，规格为 1.5 厘米。

青虾放养时间：7 月。

养殖成本：总计 9.3 万。其中，苗种 1.5 万，饲料 5.3 万，螺蛳水草 0.5 万，人工 1.5 万，其他 0.5 万。

收获：河蟹重量 1 200 千克，规格 0.18 千克/只，产值 21.6 万；青虾重量 125 千克，产值 1 万；总产值 22.6 万。

利润：13.3 万元。

特点：

(1) 圆形小网围面积 1.5 亩，3 月底河蟹放到全池。

(2) 混养青虾。

(3) 4 月后隔天投喂饲料。

第二节 湖泊网围轮牧式河蟹生态养殖模式

太湖是全国第三大淡水湖泊，有着丰富的渔业资源、美丽的水乡风光、适宜的地理气候。其中，东太湖面积16万亩，位于全太湖的出水口，平均水深1.5米左右，有一定的微流水，水草茂盛，底栖动物丰富，具有一类的空气、二类的水质，是典型的浅水型草型湖泊。优越的自然资源环境，极为适合养殖太湖大闸蟹。

太湖网围养殖从20世纪80年代中期开始，通过一系列的科技攻关和政策措施，产业得到了较大的发展，河蟹养殖已成为太湖渔业的支柱产业、渔农民增收的重要渠道、出口渔业的主要产品。2008年，按照国家和江苏省的要求，为了保护环境，统筹兼顾湖泊渔业与其他各业的关系，坚持发展与保护并举，控制养殖规模，优化养殖布局，改进养殖模式，建设质量安全、资源节约、环境友好的新型湖泊网围养殖业，以提高养殖效益，改善湖区生态，促进渔农民致富。全面规范建设，按照“拉框成方，隔距成行，立桩成线，围区成景”的标准，在全国率先建成了健康养殖先导示范区，确立了“小块、精养、轮牧、优质、高效、生态”的全新养殖模式。2010年，太湖网围养殖被国家质检总局评为全国首个出口水生动物质量安全示范区；2011年，又被国家质检总局评为太湖出口大闸蟹质量安全样板区。

一、养殖条件

1. 湖泊条件　东太湖位于北纬30°58′～31°07′，东经120°25′～120°35′，是太湖东南部东山半岛东侧的湖湾，与西太湖之间以狭窄的湖面相通，北为东茭咀，南临陆家港，总长度27.5千米，最大宽度9.0千米，总面积131.25千米^2，平均水深不到1.5米，淤泥厚40～50厘米。该水域水生植物茂盛，主要品种有轮叶黑藻、金鱼藻、穗花狐尾藻、伊乐藻、苦草、马来眼子菜和菱角草。底栖动物丰富，水质清新，周边无工矿企业，无污染，水位相对稳定，溶氧高且保持在5毫克/升以上，pH7.5～8.5，水流缓慢通畅。

2. 网围设置

（1）区域分布　网围养殖区域的设置与东太湖水源保护地、行洪通道区、滨湖湿地保护区相兼顾协调，与区域水生态环境承载能力相适应，同时考虑水深为0.8～2.5米，年平均1.5米左右、缓缓水流、水草丰茂以及地形、港闸等环境因素。设置网围养殖为南岸网围区和北岸网围区。南岸网围区，位于东太湖潘其路以西至小戗港以东水域，规划网围面积6 600亩；北岸网围区，位于东太湖黄垆港以西至铜鼓山水域，规划网围面积 38 400 亩；共规划网围面积 45 000 亩。

（2）分区网围　所有网围统一规划，采用 GPS 定位放样，按照“拉框成方，隔距成行，立桩成线，围区成景”的标准进行施工。10 个网围组成 1 个养殖小区，小区内每个网围面积为 15 亩养殖水面，每个网围之间间隔统一为 3 米通道。每个小区之间间隔统一为 60 米，规划网围区内预留与沿岸港闸的 100 米以上宽的航行通道。

（3）轮牧网围　太湖实施的轮牧式网围养蟹有两种形式，一种是年度性轮养，即每年轮休 76％左右的水面，栽种水草，放养花白鲢和螺蛳，保护水质，维护生物多样性，翌年再行渔业利用；另一种为季节性轮养，蟹种先用网圈在一个直径 16 米的小网围空间内集中培育，在年初对网围内全面移栽水草和螺蚬，随着养殖对象和水草、螺蚬的同步生长，分阶段进行渔业利用，保证了网围区草型环境净化水质的功能和河蟹生长的需要。

（4）网围结构　网围采用两层网结构，外层为保护网，内层为防逃网，两层网间距 3 米，中间设置地笼网，以检查逃蟹情况并有防逃作用。用 9 股 8 号（网眼 2a＝2.4 厘米）聚乙烯网片，网高于最高水位 0.5 米，网层最上端接一 T 形倒挂网片或接宽为 30～40 厘米的塑料薄膜，用于防逃。网围中间设置直径为 16 米的暂养圈。

网的最下端接直径为 10～12 厘米的石笼并埋入湖底，网围用竹桩在外侧固定，竹桩间距为 1.5 米左右，网围高度为 2.5～3.0 米，桩高于最高水位 0.7 米。

二、放养前的准备工作

1. 清野　由于东太湖水域渔业资源十分丰富，网围养殖位于其中，各类幼鱼很容易进入 15 亩的围网内，容易造成争食和争氧，甚至成为敌害。为提高河蟹成活率，给河蟹的生活、生长创造一个良好的环境条件，可定期采用电捕等方法尽可能捕捉敌害。每年冬季和 5 月小圈捕捞放养前清除野杂鱼。

2. 改善底泥　用生石灰消毒并改善底泥，用量为 120～150 千克/亩；视网围具体情况，也可采用人工或机械挖取自然水体中的底泥，改善底泥。

3. 移栽水草　立春后，在网围内人工移栽苦草、伊乐藻和轮叶黑藻等。

4. 放养螺蛳　清明节前投放一定量的活螺蛳，每亩投放量为300～400千克，投放量可根据实际情况酌量增减。螺蛳投放方式采取一次性投入或分次投入法。一次性投入法，为清明节前每亩成蟹养殖池塘一次性投放活螺蛳300～400千克；分次投入法，为清明节前每亩网围内先投放200千克，然后在8月再次投放活螺蛳200千克/亩。

三、蟹苗放养

1. 严把蟹种质量关　放养的蟹种以长江水系的中华绒螯蟹为好，选择蟹种宜本地选购或培育，要求规格整齐，体质健壮，足爪无损伤，色泽光洁清鲜无附物，呈半透明状的优质蟹种。

2. 适时分级放养　结冰时不宜放养。冬春季天气晴暖（1～3月），蟹苗运来后，将蟹苗全部放入暂养圈内进行分级培养，培养时间为60天以上。第二次放养根据当年的气候，时间一般在5月上旬，待暂养蜕壳1～2次后，将蟹苗用地笼捕捞再清点放养至网围内。

3. 确定合理放养量　根据自身网围的资源情况、管理水平确定合理放养量，蟹种放养量控制在500～700只/亩，规格80～120只/千克。

4. 蟹鱼虾混养　以蟹为主，套养鱼虾。在网围内（小圈内不放）放养规格为250克以上的白鲢和鳙5千克/亩左右，用来调节、净化水质；同时，在春节前和7月底各放养一批青虾苗种5千克/亩；在3米的防逃隔层内放养适量甲鱼、大规格翘嘴鲌或鳜苗种，以摄食野杂鱼。

四、饲养管理

1. 饵料投喂　苗种暂养期的管理是养殖成败的关键，暂养期间要把好饲养关。在摄食前期，以适口的动物性饵料和植物性饵料并重，以加快恢复体力。一要足量投放以粉碎的玉米为主（早期要煮熟再喂）、鲜杂鱼为辅的精料，通过均匀泼洒方式投喂，每天投喂的数量根据蟹苗的摄食情况来确定，蟹苗吃完后再饲喂。同时，经常性检查蟹苗的生长情况，根据蟹苗的生长情况及时调整饵粒的大小；二是暂养期间，保持水质清爽，及时补充水草量；三是5月上旬蟹苗放养投入大养殖区后，水草已经丰富，以投喂玉米为主，适量投喂动物性饵料，一般在17:00投喂。6月上旬水温上升，河蟹摄食逐步进入旺盛期。

在夜间定期（不建议用地笼捕捞检查河蟹生长）观察，以便更好地掌握生长情况。如发现河蟹规格不一，则应开始补充投喂鲜野杂鱼。7～9月是河蟹生长旺盛期，为有效保持网围养殖区内有适量水草，此时应适时投喂鲜杂鱼，植物性饵料玉米、南瓜等。一般每天投喂2次，日投喂量为河蟹体重的5%～7%，8:00～9:00时和17:00～18:00各投喂1次，投喂量分别占全天的1/3和2/3。实行“三定、三看”，即：定时、定质、定量，看季节、看天气、看河蟹摄食情况，以确定投饵量的增减。

2. 水质管理 东太湖属开放性大水域，一般水体畅通，水质不易变坏。但7～8月水草被河蟹咬断，伊乐藻进入衰老期，容易漂浮打堆腐烂败坏水质，应及时捞出和管理，对过多的菱角草应及时清除。

3. 日常管理

（1）*坚持早晚巡逻* 白天主要观察水温、水质变化情况，傍晚和夜间主要观察河蟹活动、吃食情况，以便及时调整管理措施。

（2）*定期检查维修* 及时检查网围的网片有无漏洞，每天通过在两层防逃围网中放置地笼来检查是否有蟹逃跑。如发现地笼中有蟹，则应及时排查漏洞并对内层网补修。对外层网通过人工检查水位线上下有无漏洞，及时补修防止套养的鱼逃逸。

（3）*加固防逃设施* 特别是在汛期和台风季节，更要加强巡逻检查，及时做好设施的加高、加固工作，发现问题及时解决，防止河蟹逃跑。

（4）*保证饲料质量* 合理科学投饵，提高饲料利用率，减少因残饵腐败变质而对网围水体环境的破坏。另外，在河蟹蜕壳生长期间，禁止打捞水草及水下作业，避免影响河蟹蜕壳生长。

4. 疾病预防 网围养殖是在开敞式水域进行，因此，网围养蟹必须坚持以防为主的原则。一是做好消毒工作，蟹苗下池前用3%～4%食盐水溶液浸泡3～5分钟，操作过程中动作要轻、快，尽量不要使蟹体受伤；二是定期泼洒生石灰以改善水域环境，使酸碱度偏于碱性，预防疾病发生。

五、成蟹捕捞

太湖大闸蟹的成熟期与同流域的相对晚些，从9月中旬开始，适时确定捕捞时间，选取部分成熟的陆续上市，对提高回捕率、减少河蟹逃逸、满足消费者对太湖大闸蟹的市场需求很重要。选择在成蟹自然生殖洄游前，开始集中力量组织捕捞，主要是利用地笼进行起捕。捕捞时将地笼首尾相连放入湖中，地笼的尾部应露出水面，每隔 2 小时起捕 1 次。河蟹起捕后，按照规格和雌雄进行分级，按不同规格和雌雄分开放入已准备好的暂养箱（2 米×2 米×1 米）中进行暂养吐水，每箱暂养量在 50～100 千克，投喂玉米、螺蛳等饵料。

六、养殖效益

2009 年至 2011 年，河蟹未出现病害。全湖每年起捕河蟹 3 000 吨，雄蟹规格 90％超过 175 克/只；雌蟹规格 150 克/只以上 45％，125～150 克/只占 45％，100～125 克/只占 10％，成活率为 53％左右。根据河蟹质量与规格，单价从 90～300 元/千克不等。全年河蟹产值约 45 000 万元；虾类的产量 225 吨，产值 2 000 万元；常规鱼的产量 1 800 吨，产值 2 880 万元。合计产值 49 880万元，各项总支出 24 000 万元，利润 29 880 万元，大湖网围养殖平均获利 442 元/亩。

七、结论与讨论

2009 年以来，太湖网围面积比 2008 年减少，用以恢复湖泊各类资源，养殖面积的减少导致总产量减少，但平均单产比 2008 年增加 1.3 千克/亩，河蟹规格增大，养殖效益大幅提高。轮牧放养，面积减少，换来了太湖水草资源的恢复，使大水面水活流畅、受风面大、溶氧充足、天然饵料丰富等资源优势再次发挥出来。通过采用资源修复式的网围轮牧河蟹养殖方式，能显著降低生产总成本，提高养殖效益，为太湖河蟹养殖的可持续发展奠定基础。

部分网围区养殖户注重人工种植伊乐藻，虽然前期生长极为茂盛，但在 8 月高温天气出现浮草腐烂现象，致使成蟹规格较小，产量降低；而种植多品种水草的网围区，规格平均 150～200 克/只。因此，多品种水草栽种，是河蟹养殖出效益的一个关键因素。

在同样养殖面积，水域条件基本一致，养殖模式类同，养殖效益个体却差异较大。说明养殖日常管理经验积累、及时总结、推广深度影响百姓养殖收益和产业健康发展。

加强四个方面的意识：质量安全意识、生态养殖意识、品牌保护意识、环境保护意识。指导广大养殖生产者树立“养好蟹、养大蟹”的新观念，提倡大水体、低密度、大规格、轮牧养殖模式，实行生态健康型养殖。

正确处理好水产养殖与水环境、资源保护、水利、行洪等诸方面的关系。对于渔业本身而言，要推广优质高效的生态养殖技术，优化养殖水域环境，既要合理利用水生植物资源，又要保护水生植物植被。在服从太湖大水利的前提下，进一步加强与水利、环保等有关部门的沟通和协调，积极提供渔业养殖的信息，反映不同养殖阶段对水位、水质的要求，适时采取调水措施，尽可能考虑渔业功能的需要和广大渔民的利益，实现渔业用水和太湖水利的和谐统一。

第三节　湖泊浮式抗风浪网围河蟹生态养殖模式

高邮湖是淮河下游受人工控制的大型平原浅水性湖泊，是淮河流域下泄长江的通道，过水性强，洪水期间水位高，持续时间长，因此水草群落演替消长快，鱼类资源贫乏，生态环境恶化，渔业经济效益低下。本模式从过水性湖泊实际出发，对传统网围设施进行技术革新，研制成功浮式抗风浪网围，在高邮湖东北部设计建造一种浮式抗风浪网围，阻止各种捕捞渔具的进入，采用不投饵方式和选择性捕捞，利用鳙以浮游动植物为食，可以净化水质和生长速度快、性情温和、不喜跳跃，能被有效地阻隔在浮式网围内的特点，以及河蟹以水草和螺蛳为食，且经济价值高的特点，放养河蟹和鳙，设置人工鱼巢，进行水草调控。经过2010—2013年连续3年运作，初步达到了养护水生生物资源、修复渔业生态环境的目的，同时也取得了良好的经济效益。

一、浮式抗风浪网围的建造

根据高邮湖的过水特点和河蟹的生态习性，采用浮式、固定式相结合的双层网围。外层为浮式抗风浪网围，防逃高程9.5米；内层为固定式低墙网围，防逃高程6.5米。内层和外层网围相距8～10米。浮式网围的上纲随水升降，足以保证高水位时防止鱼类逃逸。高水位时内层低墙网围虽已沉入水下，但此时河蟹还没有达到性成熟，还要在原地索饵、育肥生长，逃逸很少。9月下旬河蟹逐步达到性成熟，开始进行生殖洄游，但此时汛期已过，湖水回落至 6 米高以下，内层固定式低墙网围足以防止河蟹逃逸。

传统网围养殖设施一般由墙网、毛竹桩、横杆、石笼等组成，缺点主要是不适宜在水位落差大、风浪大的水域使用。在水位涨落时，需要调节网高，如在大幅涨水时不能及时调高墙网，就会造成墙网淹没，养殖水产品逃逸；如固定墙网，非汛期时水上部分墙网将加速老化。在风浪大时，水上桩网难以承受水流、漂浮物的冲击，造成墙网倒伏，而且水上桩网林立，破坏了自然景观。

浮式抗风浪网围主要是改变传统网围桩与横杆支撑墙网的结构，代之以浮子与地锚支撑墙网的结构，利用浮子的浮力使墙网上缘浮出水面，用地锚固定下纲使墙网固定并使墙网下缘紧贴底泥。遇水位涨落时，墙网上缘自动随水升降。遇大风浪时，漂浮物可从浮子之上越过，避免压迫墙网。一是网围可以随水位涨落而自动升降，水上设施减少，受风面积缩小，抗风浪能力增强，而且节省了调节网高的人力，适宜在水位落差大的湖泊使用；二是浮式网围没有倒伏问题，抗风浪能力强，适宜在水位落差大的大水体中使用；三是墙网全部在水下，避免了风化，使用寿命可从 3～5 年延长到 6～8 年；四是水上部分大大缩小，使网围对自然景观的不利影响降到最低；五是桩与横杆改成浮子，可使整个网围制作成本节省 40％～50％。

浮式抗风浪网围使用的材料主要有：①墙网：依网目 2.5～3 厘米编织，网线材料聚乙烯、规格 3×3，缝制墙网；②纲绳：聚乙烯，规格 20×3，用于上、下纲及连接地锚；③浮子：发泡聚乙烯，圆柱形，直径 20 厘米、高 30 厘米；④地锚：采用旧网片制作。

浮式抗风浪网围的制作方法为：①拼装墙网：根据高度需要裁剪网片，与上、下纲按缩结系数 0.7 缝合，墙网的整体高度一般应超过历史最高水位 1 米，上、下纲均采用双纲绳，双上纲间距为浮子周长的 1/2；②安装浮子：将浮子用网片包裹，平放在上纲绳一和上纲绳二之间，分别与上纲绳一和上纲绳二缝合。浮子间距一般为 1 米；③制装地锚：将旧网片反复折叠成长 10 厘米、直径 5 厘米的椭圆柱状，作为地锚，用绳索结缚在墙网下纲上。锚绳长度根据淤泥深度确定，一般为 30～50 厘米，地锚间距为 60 厘米。施工时按设计的地点敷设制作好的墙网，根据现场情况，可设置为围网或拦网形式，将地锚插入水底的底泥中，使墙网的下纲深入底泥 20～30 厘米（图 5-1 至图 5-4）。

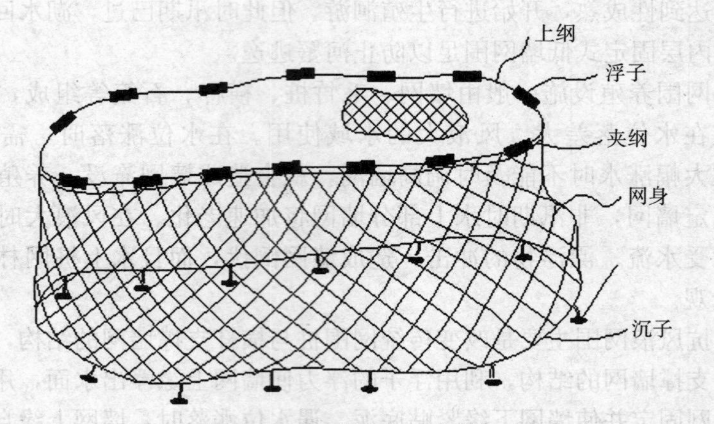

图 5-1 使用状态参考图

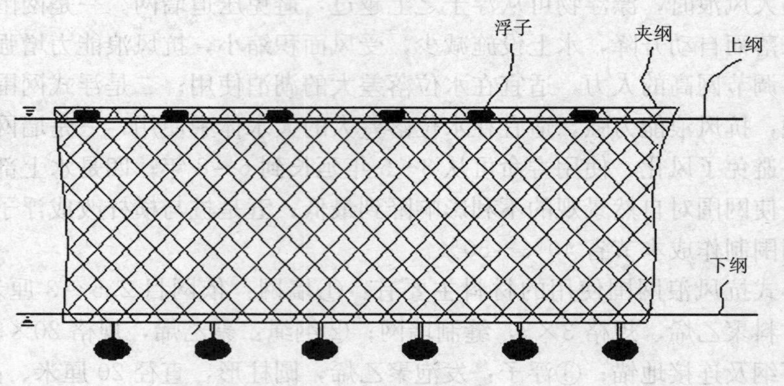

图 5-2 结构示意图

图 5-3 浮式、固定式双层网围实图

图 5-4 浮式抗风浪网围的结构实图

二、苗种的放养

在网围区，除了控制捕捞，保护湖区土著鱼类，恢复渔业资源，同时充分利用湖泊初级生产力，放流鳙、蟹苗种，促进渔业生态修复，促进湖泊生态系统良性循环（表 5-1 和表 5-2）。

表 5-1 2011 年放养品种及成本

品种	放养时间	数量（千克）	单价（元/千克）	金额（万元）
鳙、鲢苗种	1 月初	61 199.0	3.64	22.29
河蟹苗	3 月初	7 988.5	28.29	22.60
鳙、鲢夏花	6 月底	3 966.3	12.80	5.08
合计		73 153.8		49.97

表 5-2 2012 年放养品种及成本

品种	放养时间	数量（千克）	单价（元/千克）	金额（万元）
鳙、鲢苗种	1 月初	4 277.0	3.50	1.50
河蟹苗	3 月初	13 220.0	35.00	46.27
鳙、鲢夏花	6 月底	4 277.5	14.50	6.20
合计		21 774.5		53.97

1. 蟹种暂养 1～2 月购入蟹种，选择水草丰富、水质良好的水面，在小面积网围中圈养，辅喂小鱼、螺蛳等鲜活饵料。到 5～6 月，当蟹种经过一次蜕壳，活动能力和逃避敌害能力增强后拆除小网围，放入修复区。

2. 鳙夏花暂养 选择水质较好、有一定肥度的水域，建立鳙夏花暂养小网围，放养前清除网围内敌害。6 月中下旬放 3～4 厘米的夏花，经 1 个月暂养可达 10 厘米以上，再放入修复区。

三、养殖管理

1. 培植水草 高邮湖水草群落周年演替规律是秋季出现菹草，翌年春季后成为优势种，并和聚草及少量金鱼藻、轮叶黑藻、苦草形成杂合群落，6 月以后菹草腐烂消失，随即出现野菱，逐渐成为优势种群。根据水草品种的单一性和时空分布不平衡性，水草调控的主要措施有控制菹草和移植轮叶黑藻、金鱼藻等。具体做法为，冬季在菹草生长旺盛期之前，间隔时间用除草刀除去一部分菹草，在不影响水环境剧烈变化的情况下，让其在冬季水体中缓慢腐烂，减轻6～7月菹草大量腐烂对水环境的破坏，同时，移植和栽植河蟹喜食的轮叶黑藻、金鱼藻等，供河蟹歇息、躲藏和净化水环境。

2. 投放螺蛳 于清明前后，移入适量螺蛳进入网围，以提供河蟹喜食的天然饲料，同时净化底层水体。

3. 饵料投喂 主要依靠网围内水草资源为主，同时利用平时捕获的野杂鱼适量投喂，6～9月适当增加动物性饲料的投喂量，此外，还需要根据湖区实际水情进行阶段性的强化培育。

4. 日常管理 定期检查网围设施，发现破损及时修补，严防逃逸事故的发生。汛期及台风期间，水位变化急剧，及时对变形的设施进行修复，及时缝合脱落的塑料瓶，及时对浮式网围上纲缠绕的水草进行清除。

5. 商品蟹暂养 9月下旬河蟹大批起捕后，分规格、分雌雄在小网围中暂养，适当投喂小鱼、螺蛳、玉米等饲料，根据市场行情销售。经过暂养的河蟹，销售期可延长到春节后。

四、水产品捕捞

根据资源状况、捕捞规律、市场行情等因素合理确定捕捞时间。一般4～11月捕捞青虾，9月以后捕捞河蟹，冬季捕捞鳙、鲢、鲤、鲫和鳊等，全年不定期捕捞鳜、黑鱼、黄颡鱼和翘嘴红鲌等处于食物链高端的物种。

根据捕捞对象，使用具有选择性的渔具和捕捞方法，如赶网捕捞鳙等，以减少非目标品种的捕获量。确定不同捕捞对象的最低起捕规格，做到捕大留小，不用杀伤鱼、虾、蟹幼体的渔具、渔法，繁殖高峰期不捕捞亲本。具体标准为：青虾4厘米、梅鲚10厘米、鳙、鲢1.5千克、鲤、鳜400克等。

控制捕捞强度。严格控制捕捞船只、渔具，根据捕捞对象、捕捞季节及起捕规格，确定渔船、渔具数量。

五、实施效果

1. 浮式抗风浪网围具有良好的性能 网围水域湖面开阔，风浪较大。浮式抗风浪网围建成后，经受了数次高水位下大风大浪的考验，表现出良好的抗风浪性能。2011 年，淮河流域出现全流域性的大洪水，高邮湖行洪 2 次，从 7 月 5 日开始到 9 月 18 日结束，行洪时间 76 天，总行洪流量 306.14 亿米^3，最高水位 8.41 米。2011 年 7 月 29 日和 7 月 30 日，高邮湖连续 2 次遭受 10 级以上强风袭击，高邮湖东部的网围几乎被破坏殆尽，但修复区浮式网围经受住了风浪考验，仅有少数浮子脱落，强风过后很快得到了修复。

2. 网围区经济效益明显　2011 年和 2012 年，网围区分别收获水产品 67.44 万千克和 58.36 万千克，总产值分别为 653.57 万元和 995.44 万元（表 5-3）。

表 5-3　2011 年和 2012 年渔业产量与收入

品种	2011 年		2012 年	
	数量（千克）	金额（万元）	数量（千克）	金额（万元）
鳙	113 165.5	114.35	77 613	63.18
鲢	7 700.5	3.28	2 486.5	0.87
鲫	21 351.2	13.14	25 935.3	19.19
鲤	22 805.5	17.80	47 737.5	48.77
红鳍原鲌	23 066.4	22.88	23 064.3	23.41
翘嘴红鲌	5 660.1	10.63	3 699.6	8.98
乌鳢	—	—	25 925.7	44.08
草鱼	—	—	1 739	1.41
黄颡鱼	2 732.7	5.16	2 503.7	5.76
花䱻	9.3	0.02	1.5	0.00
鳜	1 333.1	4.90	4 104.1	21.30
青虾	12 730.4	74.30	7 280.3	48.37
秀丽白虾	6 773.5	7.20	4 611.5	5.29
河蟹	41 142.9	343.27	78 432.6	694.13
中华鳖	12.9	0.22	118.2	1.89
小杂鱼	224 543.0	12.09	328 050	4.03
合计	483 027.2	653.57	633 302.8	990.66

在不投饵的情况下，2011 年网围区平均亩产量 15.33 千克，其中，河蟹亩产量 1.31 千克，亩产值 207.48 元；2012 年网围区平均亩产量 20.10 千克，其中，河蟹亩产量 2.49 千克，亩产值 314.49 元，这在国内外大型过水性湖泊的渔业增殖中是绝无仅有的。

从表 5-4 中可以看出，网围区 2011 年和 2012 年投入产出比分别达到了

1∶1.05 和 1∶1.56，经济效益十分可观（表 5-4）。

表 5-4 修复区 2011 年和 2012 年产出分析（万元）

年份	苗种投入	生产投入	产出	净收入	投入产出比
2011	49.97	268.93	653.57	334.67	1∶1.05
2012	53.97	332.83	990.66	603.86	1∶1.56
合计	103.94	601.76	1 644.23	938.53	

注：生产投入包括生产成本、销售成本和人员工资等。

六、讨论与分析

1. 浮式抗风浪网围的优势 与传统桩网结构的网围相比，浮式抗风浪网围在高邮湖实践中显示出明显的优势。一是网围可以随水位涨落而自动升降，水上设施减少，受风面积缩小，抗风浪能力增强，而且节省了调节网高的人力；二是浮式网围在大风浪时漂浮的水草可以从上纲滚过，解决了网围因漂浮物压迫而倒伏的问题，大大降低了风灾、洪灾的损失；三是墙网全部在水下，避免了紫外线照射，从而避免了风化，网线使用寿命可从 3～5 年延长到 6～8 年；四是水上部分大大缩小，美化了湖泊景观；五是支撑材料从桩改成浮子，可使整个网围制作成本节省 40%～50%。

2. 修复区增殖放流品种分析

（1）河蟹 河蟹因其苗种供应充分、养殖技术成熟、经济价值高，是湖泊增养殖的主要品种，但其适宜在水深 1.5 米左右、沉水植物丰富的水域中生长，当水深长期超过 3.5 米、沉水植物稀少的情况下，水底氧气含量不足，河蟹就会死亡，造成减产甚至绝收。2011 年放养河蟹苗种 7 988.5 千克，2012 年放养河蟹苗种 13 220.0 千克，2012 年放养量是 2011 年的 1.65 倍；2011 年产商品蟹41 142.9千克，2012 年产商品蟹 78 432.6 千克，2012 年是 2011 年的 1.91 倍，说明 2011 年放养河蟹苗种少了，在 2011 年基础上放养了更多的河蟹苗种。在生产管理上，通过移植水草、强化螺蛳营养等方面进行了较大的改进，商品蟹的产量更高了。由于河蟹是网围区经济效益的主要来源（占总收入的 50%以上），因此，在河蟹的放养量和生产管理上，还有更大的发展空间，有待于进一步的研究和探索。

（2）鳙 鳙性情温和，食浮游生物、有机碎屑和细菌团等，有关资料表明，它能很好地利用蓝藻等藻类植物。通过调查 2011 年和 2012 年鳙的生长情况，网围区1龄鳙平均体长30.2厘米，平均体重583.2克；2龄鳙平均体长45.1厘米，平均体重1970克；3龄鳙平均体长56.9厘米，变化区间49.8～70.5厘米，平均体重3 640克，变化区间2 208～6 420克。1～2龄的平均个体增长量1 386.8克，2～3龄的平均个体增长量1 670克，与太湖、滆湖等湖泊相比，差别不大，说明在高邮湖有鳙的饵料基础，能够迅速生长。2011年放养苗种是2012年放养苗种的近7.62倍，但2011年鳙产量仅是2012年鳙产量的1.46倍，产量和放养量并不完全呈正相关，说明鳙苗种放养多了，并不能产生更多的效益。存在的原因一是渔产力的问题，即网围区的天然饵料基础究竟能生产多少鳙；二是提高回捕率的问题；三是提高鱼种自给率，降低放养成本问题。今后应该调查水体初级生产力，对鳙的养殖容量进行研究，可以进一步提高鳙的产量，提高修复区的经济效益。

（3）推广前景展望　增殖渔业是湖泊渔业的发展方向，该模式集成规模化浮式抗风浪网围设施及一整套增殖保护和合理利用渔业资源的技术，形成了成熟的增殖渔业新模式。这种模式在高邮湖已被渔民用于对传统网围养殖进行改造，在高邮市界首镇、金湖县涂沟镇等地推广面积达到26 000多亩，在骆马湖、滆湖等也推广了一定的面积。我们测算，高邮湖适合应用这一增殖模式的渔业水域在60万亩以上。可以肯定，在湖泊渔业资源日益衰退、传统捕捞难以为继、网围养殖压力巨大的今天，该模式对推进高邮湖的渔业向现代渔业、生态渔业方向发展具有十分重要的意义，在湖泊特别是过水性湖泊中具有十分广阔的推广前景。

第四节　大水面河蟹增殖模式

湖泊大水面增殖历史已久，过去着重放流蟹苗，现在逐渐发展成为放养蟹种。目前，该模式在江苏、浙江、安徽、江西等省的湖泊得到蓬勃的发展。

一、湖泊条件的选择

一般来说，选择水质清新、水位较为稳定、溶解氧充足、没有污染、水生生物丰富、便于人工管理的浅水草型湖泊为养蟹湖泊。丰富的水生生物有利于河蟹摄食育肥，水草以轮叶黑藻、苦草、马来眼子菜等较好，底栖动物数量多寡也影响河蟹的生长。

二、放养时间及密度

蟹苗（大眼幼体）的放养时间，大致是每年的5月中下旬至6月下旬；蟹种放养时间，大致在11月下旬至翌年的3月下旬。蟹苗（规格为每500克6万～10万只）放流密度一般在每亩500～2 500只；蟹种（每千克100～200只）每亩放养10～40只不等。以上密度的蟹苗经15～16个月的生长，至翌年10月商品蟹个体达150～250克；蟹种经7～10个月生长，商品蟹规格也可在150克以上。

三、日常管理及投饵

河蟹生长期间禁止在养蟹的湖泊打捞水草，因为打捞水草减少了河蟹饲料，更重要的是将在水草中摄食或蜕壳的蟹种连同水草捞起。要防止进出水口逃蟹，尤其在洪水季节，蟹种很容易随流动的湖水而逃逸。不能在养蟹的中小湖泊沤麻，因为河蟹对沤麻的浸出物及其敏感，很容易造成死蟹。控制网具下湖，因这些网具一般在河蟹生长季节下湖作业，极其容易造成河蟹伤亡。对水草量及底栖动物减少的湖泊应投喂人工饵料，一般投喂谷物、螺蛳等为佳。投喂时间以傍晚为适宜，投喂季节应在8～9月河蟹育肥期。

四、捕捞的渔具和方法

湖泊捕蟹工具一般有蟹簖、单层刺网、撒网及地笼等，尤其以蟹簖和地笼为好。捕捞时间应根据河蟹性腺发育程度而定，在长江中游以每年的9月下旬至10月下旬为好。开捕过早，河蟹成熟度差；太迟，回捕率较低。

五、养殖实例

1. 放流水域条件　太湖大水面河蟹放流实施面积1.3万亩，位于太湖的东部鲤山湾，三面环山，与大太湖连接的口子3 150米。平均水深1.5～2.5米，常年微流水。该水域水质清新，水生生物丰富，水生植物茂盛，溶氧保持在5毫克/升以上，pH7.5～9.0。

2. 拦网设施设置　在与大太湖相连的口子设置警示桩，桩间距20米，桩侧建设防逃浮式拦网。拦网中间留两个过船浮门。拦网网片为9股8号网，网片上纲固定浮子，上纲内侧连接倒置的聚乙烯薄膜，防止河蟹外逃；浮子为直径15厘米的白色泡沫球，聚乙烯薄膜为25微米厚的优质材料，薄膜宽度为30厘米。拦网底部与石笼相连，石笼用人工方法嵌入底泥中；石笼的网衣为9股12号网，内部填充碎石，填充度为70%，保证石笼具有较好的柔韧性。

拦网外侧张设地笼网，排成一字形设置在拦网外2米处，起到增强防逃的作用。

3. 蟹种放养　2011年、2012年间鲤山湾年均放流扣蟹1 153千克，规格120只/千克；年均放豆蟹260千克，规格6 600只/千克。扣蟹放流时间为2月；豆蟹放流时间为上一年度的6月下旬。

4. 水生生物资源监测　每月1次对光福湾水域水生生物资源进行监测，2011年、2012年生物资源量稳定。

（1）水生植物资源量　9～10月水生植物资源量最丰富，当10月河蟹收获后还出现1个生长小高峰，即补偿生长阶段，其优势种群依次为马来眼子菜>轮叶黑藻>苦草>金鱼藻>狐尾草。2011—2012年，水生植物平均分布密度为161克/米^2；平均水生植物覆盖率27%。

（2）底栖动物　鲤山湾水域底泥70%左右为软质和沙质土，分布有螺类、蚬类、蚌类等较大型软体动物，为河蟹提供了营养丰富的动物性饵料。底栖动物平均生物量370克/米^2。

（3）浮游生物　鲤山湾浮游植物细胞密度，随着河蟹放流的进行而有所下降，这在浮游植物快速生长的8月尤其明显，水体透明度也有所上升。浮游动物年平均密度878个/升；浮游植物年平均密度3.4×10^4个/升。

5. 成蟹捕捞　每年8～10月，使用地笼网捕捞。2011年、2012年间鲤山湾年均成蟹产量7 615千克，起捕平均规格130克/只，亩均产量0.59千克。

第六章 北方地区稻田河蟹生态养殖模式

辽宁省盘锦市盘山县地处渤海之滨，位于辽河下游，幅员2 145千米^2，总人口29万，其中农业人口26万。耕地5.67万公顷，其中，水田4.33万公顷，苇田湿地5.67万公顷，内陆水域0.53万公顷。

盘山农民在长期的实践过程中，为了提高稻田的经济效益，发展了稻田养蟹试验。以后又为提高经济效益，将河蟹养殖放在首位，变成了“蟹田种稻”。2005年，盘山县开始实施全国农业科技入户示范工程，对该养殖模式重新定位：它既不是稻田养蟹，也不是蟹田种稻，而是种养并重、稻蟹共生的稻田种养新技术。多年来，在国家、省、市各级有关部门和专家学者的倾心关注与鼎力支持下，在上海海洋大学全力支持和帮助下，总结出以“大垄双行，早放精养，种养结合，稻蟹双赢”为核心的稻田种养新技术，简称“盘山模式”。

2007年10月，“盘山模式”通过了农业部组织的专家组验收，各级领导和专家对这一模式给予充分肯定和高度评价。一致认为：“盘山模式”从单一的种稻到稻蟹种养，经济、社会和生态效益显著，是名副其实的资源节约型、环境友好型和食品安全型产业，可充分稳定农民种粮的积极性，这对确保我国基本粮田的稳定，确保粮食安全战略有重要意义。

现在全县4.33万公顷稻田，已有2.8万公顷稻田实施该项技术，占64.5%。该项技术通过渔业科技入户示范工程，带动4万农户实现增产、增收——实现年产水稻4亿千克，年产河蟹3.1万吨，总产值20.5亿元，仅河蟹一项实现农业人口人均纯收入2 000元。“盘山模式”为农民增收作出了新的贡献，该项技术已在北方的辽宁、宁夏、吉林、黑龙江和内蒙古等水稻种植区推广。2009年，盘山县被农业部授予国家级河蟹标准化示范县，2011年，盘山县荣获“中国河蟹产业第一县”的荣誉称号。

第一节　稻田种养技术增产机理

一、增产机理试验

2007—2012年，由上海海洋大学与辽宁省农业科学研究院、辽宁省淡水水产研究所合作，在辽宁省盘山县坝墙子镇姜家村开展稻田种养新技术增产机理试验。试验稻田4.67公顷，分成9块，每组3块。试验田以有机肥料作基肥，不用化肥和农药，水稻品种均为“辽星1号”（表6-1）。

表6-1　稻田种养试验田与常规田单位投入产出对比

单位：公顷

项目	水稻种植					河蟹饲养						
	产量（千克）	成本（万元）	产值（万元）	利润（万元）	增效（%）	产量（千克）	规格（克）	成本（万元）	产值（万元）	利润（万元）	综合效益（万元）	增倍
养蟹稻田	10 036.5[a]	1.08	2.73	1.65	79.0	405.0	106	0.73	2.43	1.70	3.35[A]	2.64
不养蟹稻田	9 664.5[b]	1.11	2.03	0.92							0.92[B]	

注：同行肩标小写英文字母，相同者表示差异不显著（$P>0.05$），不同者表示差异显著（$P<0.05$）；同行肩标大写英文字母，不同者表示差异极显著（$P<0.01$）。下同。

由表6-1可见，养蟹稻田其稻谷比不养蟹稻田增产54.8千克，增产差异显著（$P<0.05$），效益增加79.0%。河蟹平均规格达106克，其中，60%的雄蟹达130克以上，最大雄蟹243克；70%的雌蟹达到100克以上，最大雌蟹205克。试验田的河蟹平均售价60元/千克，利润1.70万元/公顷。

养蟹稻田的综合效益（3.35万元/公顷），比不养蟹稻田增加2.64倍，差异极为显著（$P<0.01$）。

二、稻田种养新技术增产、增效的机理分析

1. 稻谷增产

（1）水稻栽插采用“大垄双行”，可充分发挥了每一穴水稻生长的边际效应：在成熟期，上海海洋大学对同一田块同一品种的株高、穗长以及总粒数测

定表明（表 6-2），养蟹稻田水稻秆粗，基部似小芦苇，其株高、穗长和每穗稻谷总粒数均明显高于不养蟹稻田（$P<0.05$）。养蟹稻田边际的水稻与中间水稻生长的差距并不显著（$P>0.05$），说明稻田中间仍有边际效益。故养蟹稻田稻谷的总产量比不养蟹稻田增加 50 千克左右。

表 6-2　养蟹稻田与不养蟹田水稻成熟期生长差距比较（辽宁盘山）

项目	地区	株高（厘米）	穗长（厘米）	总粒数/穗（颗）
养蟹稻田	边际	96.82±3.84[a]	17.91±0.86[a]	166.40±26.35[a]
	中间	97.19±5.14[a]	17.76±0.76[a]	167.22±23.33[a]
不养蟹稻田	边际	94.56±1.98[ab]	16.70±0.70[b]	138.44±20.39[b]
	中间	91.46±4.50[b]	16.68±0.58[b]	138.05±21.53[b]

（2）大垄双行，改善了通风条件，增加了照度，降低了相对湿度：两种栽插模式相对湿度的差异，从分蘖期开始表现出来：分蘖期、拔节期和灌浆期大垄双行的垄间相对湿度，较常规垄分别降低 12.3%、15.5%和 13.0%（表 6-3），差异显著（$P<0.05$）；到成熟期，两者湿度差异不显著（$P>0.05$）。2010 年，辽宁盘锦 7 月中旬至 8 月中旬，雨水偏多，常规栽插的稻田由于垄间湿度大，造成稻瘟病严重；而大垄双行栽插，因垄间湿度低，稻瘟病发病率明显下降。

表 6-3　稻田两种水稻栽插模式垄间相对湿度比较（辽宁盘山）

处理	返青期	分蘖期	拔节期	灌浆期	成熟期
空气中	65.8±0.9[a]	48.8±0.6[a]	55.4±0.9[a]	43.8±0.6[a]	50.5±1.6[a]
大垄双行	74.5±0.7[bc]	68.6±1.2[b]	75.2±0.5[b]	68.6±0.6[b]	91.2±1.1[bc]
常规垄	75.8±0.6[b]	80.9±0.3[c]	90.7±0.4[c]	81.6±0.4[c]	93.3±0.5[c]

（3）养蟹稻田中杂草明显减少：在水稻的分蘖期与成熟期，养蟹稻田的杂草密度与不养蟹稻田均存在显著差异（$P<0.05$）。其中，在分蘖期，养蟹稻田对杂草的株防效和鲜重防效均达到 60%以上；到成熟期，养蟹稻田对杂草的株防效和鲜重防效均达到 50%以上。杂草得到有效的防控，以减少杂草与水稻争夺养分的竞争，有助于水稻产量的提高（表 6-4）。

表 6-4　养蟹稻田与不养蟹稻田杂草密度与除草效果比较（辽宁盘山）

水稻生长阶段	处理	杂草密度（株/米^2）	株防效（%）	鲜重防效（%）
分蘖期（6.30）	养蟹稻田	1.93[a]	61.93	62.99
	不养蟹稻田	5.07[a]	0	0

（续）

水稻生长阶段	处理	杂草密度（株/米^2）	株防效（%）	鲜重防效（%）
成熟期（9.17）	养蟹稻田	4.07^b	51.55	58.35
	不养蟹稻田	8.49^a	0	0

（4）河蟹在生长的中后期给予强化营养，河蟹所产生肥度高的粪便，正好供水稻中后期生长使用：上海海洋大学项目组对养蟹稻田和不养蟹稻田水和土壤营养成分测定表明（表6-5、表6-6），养蟹稻田水中的氮、磷均高于不养蟹稻田，特别是到水稻成熟期，养蟹稻田水中氮、磷的含量均比不养蟹稻田高，两者差异显著（$P<0.05$）。养蟹稻田的土壤中，其氮、磷、钾和有机质的含量始终高于不养蟹稻田，两者差异显著（$P<0.05$）。

表6-5　养蟹稻田与不养蟹稻田水中氮、磷含量比较（辽宁盘山）

水稻生长阶段	处理	硝酸盐（毫克/升）	磷酸盐（毫克/升）
分蘖期（6.25）	养蟹稻田	4.48±0.22^a	0.17±0.04^a
	不养蟹稻田	4.31±0.18^a	0.09±0.02^b
成熟期（9.10）	养蟹稻田	3.09±0.23^a	0.18±0.03^a
	不养蟹稻田	2.10±0.46^b	0.08±0.02^b

表6-6　养蟹稻田与不养蟹稻田土壤营养成分比较（辽宁盘山）

处理	氮（毫克/千克）		磷（毫克/千克）		速效钾（毫克/千克）	有机质（毫克/千克）
	全氮	速效氮	全磷	速效磷		
养蟹稻田	145.7±7.0^a	66.9±2.4^a	72.4±11.6^a	14.8±4.0^a	138.7±2.8^a	34.5±1.4^A
不养蟹稻田	143.0±7.8^b	63.5±3.5^b	70.4±10.7^b	14.1±4.3^b	129.9±4.8^b	27.2±1.1^B

由此说明：养蟹稻田在水稻生长的中后期不仅不缺肥，而且还提高了稻田的肥力。为此，我们提出稻田不间断施肥（UPF）的新概念。

综上所述，采用稻田养蟹新技术，河蟹在稻田中“负责”除草、除虫、松土、增氧、均衡、均匀施肥。平均每只河蟹“管理”25穴水稻，这就大大促进了水稻生长，做到“稻蟹共生”。

2. 河蟹增产

（1）大垄双行，增加了河蟹的活动空间：水稻所创造的湿地环境，有利于河蟹栖息和蜕壳生长。

（2）河蟹在生长的中后期采用强化营养（动物性饵料、粗蛋白高的颗粒饲料），促进的河蟹生长：用植物性饲料（马铃薯），河蟹蜕壳后体重仅增长25%左右；用动物性饲料强化营养，蜕壳后体重增长1倍以上。稻田成蟹产量375～465千克/公顷。商品蟹的平均规格从50克以上提高到100克以上，价格增长1倍以上。

第二节　发展稻田种养技术的意义

1. 从根本上解决了水稻种植业社会效益高、而经济效益低的问题　粮食安全是我国的基本国策。“粮食丰收则农业稳，农业稳则天下安”。但种粮农民的收入并不高，单依靠国家的粮食补贴无法调动农民种粮积极性，以致造成农村主要劳动力沦为“3860部队”。而推广稻田种养新技术后，“粮食不减产，效益翻2番”。水稻由单一的生态系统转变为稻、蟹的复合生态系统，它们互相依赖、互相促进，“稻蟹共生”。“一水两用、一地多收”不仅提高了土地和水资源的利用率，而且稳定了农民种粮积极性，对于确保我国基本粮田的稳定、确保粮食安全战略有重要意义。

2. 促进土地流转，提高农民组织化程度，为发展现代农业打下扎实基础　稻田种养技术，其核心就是“粮食不减产，效益翻2番”，这就为土地流转创造了良好条件。稻田养殖需要集中供水，少用、不用农药，建立良好的防逃设施等。而对大面积连片的稻田，采用合作经营方式，就可较好地解决上述问题。

只有通过土地流转，将分散的土地集中起来，将农民联合起来，在稻田中实施种养结合，实行区域化布局、规模化开发、标准化生产、产业化经营、专业化管理、社会化服务，才能不断提高稻田的综合生产能力，成为他们致富奔小康的重要措施，这才属于现代农业的范畴。稻田种养新技术，需要一大批有文化、懂技术、会经营的新型农民参与，他们已成为农村建设现代农业的主力军。因此，稻田种养技术已被各地领导誉为“农村先进生产力的代表”。

3. 稻田种养结合，节省稻田劳力的生产支出　据测算：采用稻田种养新技术后，扣除新增的蟹种、鱼种和饲料成本，每公顷可节约农药、化肥、除草和劳动力成本合计450元。

4. 减少农业面源污染，改善农业生态环境　2000年，我国化肥施用量高达4 124万吨，平均每公顷达3 400.5千克以上。化肥的过量使用，导致了极为严重的环境污染。与此同时，大量施用化肥，用地不养地，致使土壤团粒结构破坏而引起土壤板结，同时，引发土壤中有机物质含量和微生物活性下降，造成土壤贫瘠化。实施稻田种养新技术，既减少了化肥的使用量，促进了有机肥和微生物制剂的使用，不仅增加土壤有机物的含量，增强了土壤的肥力，而且减少了农业的面源污染，改善农业生态环境。

5. 有利于农村环境卫生　稻田是蚊子的孳生地。河蟹、小龙虾、鱼类不仅吞食水稻的病害虫，而且清除了蚊子幼虫——孑孓，这对抑制农村疟疾病的流行将发挥重要作用。

此外，在我国南方，河蟹、小龙虾还能大量消灭稻田中的钉螺蛳，从而大大减少血吸虫病的中间媒介，有利于血吸虫病的防治。

6. 提高大米品质　稻田种养技术就是将水稻栽培与河蟹饲养结起来，实施"蟹稻共生"，不用化肥、不用或少用农药的优势，稻田生产的大米为"蟹田生态米"，其品质明显提高，可达"香、软、糯、亮、绿——五星级"标准。即："香"——煮熟后有一股特殊的米饭香；"软"——煮熟后，米饭柔软；"糯"——煮熟后，米饭黏性有咬劲；"亮"——水晶米，煮熟后，饭粒上"油"；"绿"——无污染绿色食品。

综上所述，"水稻＋河蟹"实施"种养结合"，不仅降低了生产成本，减少了化肥、农药的使用，而且提高了河蟹和水稻的品质，其经济效益提高1～2倍。不仅社会、经济效益明显提高，而且生态效益显著。实现了"1＋1＝5"，即"水稻＋水产＝粮食安全＋食品安全＋生态安全＋农民增收＋企业增效"。

第三节　"盘山模式"主要技术关键

一、稻田选择与田间工程建设

1. 养蟹稻田的选择　选择水源充足，排灌方便，水质无污染，且符合渔业水质标准、交通便利、保水力强的田块，尤其是田埂不能漏水。一般可选择中低产田进行稻田养蟹，增产增效更加明显。稻田面积以5～7亩为宜。

2. 田间工程　包括开挖暂养池、蟹沟，加固稻田堤埂和防逃设施。

暂养池又称蟹溜，主要用来暂养蟹种和收获商品蟹。目前，大多数农户均利用田头自然沟、甚至利用池塘代替，面积100～200米^2，水深1.5米左右。环沟一般在稻田的四周离田埂1.0米左右开挖，沟宽1.0米，沟底宽0.5米、深0.6米。沟、溜水面占稻田总面积的5%～10%。进、排水口对角设置。进、排水口用管道较好，水管内外都要用网包好，中间更换2次，网眼大小根据河蟹个体大小确定。堤埂加固夯实，高不低于0.5米，顶宽不应少于0.5米。沟、溜宜在插秧前开挖好，插秧后，清除沟、溜内的浮泥。

3. 防逃设施 河蟹具有强大的攀爬能力，所选用的防逃材料应光滑而坚实，周边既无可供蟹足支撑向上攀附的基点，又要考虑材料耐久性和成本，以及材料来源是否方便等。

（1）*水泥砖墙* 即在池塘四周堤埂上用砖砌墙。砖墙具有牢固、防逃效果好和使用年限长等优点，但一次性投资较大，一般平均每公顷需一次性投资1.3万～3.0万元。尤其是在池埂较窄、土质较松的池塘，以采用砖墙效果较好。砖墙地下部分到硬底，土上部分为0.6～0.8米，墙的顶部砌成T字形的出檐，墙的内壁用水泥抹平。出檐向池伸出0.15米左右，出檐过窄达不到防逃的作用。墙的池角转弯处一定要砌成弧形，切忌砌成直角或锐角状。出檐可采用预制水泥板覆盖。

（2）*玻璃钢围栏* 玻璃钢围栏是采用环氧树脂和玻璃纤维布合成的围栏材料。它具有运输轻便、安装方便和表面光滑等优点，但使用年限及牢固程度不及砖，一般可使用3年左右，平均每公顷投资0.6万～1.2万元。玻璃钢板宽0.8米，安装时埋入土内0.2米。在背朝蟹池的一面，每隔2.0米用1根木柱支撑玻璃钢布。在池埂土质较硬、池埂较宽时，可采用玻璃钢防逃。此外，铝皮、钙塑板作防逃墙时的情况与玻璃钢近似。

（3）*双层薄膜围栏* 薄膜即农用加厚聚乙烯薄膜（厚度为0.05～0.10毫米）。其优点是造价低廉，缺点是抵御风雨及抗低温能力差，应用时易破，应经常维修更换。一般将薄膜与网片结合防逃有一定的效果。安装方法是在建墙处每隔1.5～2.0米处立一木桩，木桩顶端用铁丝相连。然后将薄膜沿铁丝折成双层垂下，下端埋入土中0.2米左右。其他的防逃材料安装与以上大同小异。

进水口应高于池面而悬空伸向池中，以免河蟹沿进水沟（管）逃逸。如进水口和出水口建在池埂上，其进、出水口必须套上双层网片，防止河蟹逃逸。

二、稻田种、养前的准备

1. 清田消毒 田块整修结束，每公顷用生石灰450～525千克泡成乳液，全田泼洒，以杀灭敌害和病菌，补充钙质。如为盐碱地田块，则应改用漂白粉消毒，使稻田中的田水漂白粉呈 20 毫克/升的浓度。

2. 施足基肥　应多施有机肥和生物肥，不用或少用化肥。可采用测土配制生态肥，在耙地前一次性施入配方肥。通常，在稻田移栽秧苗前 10～15 天进水泡田，进水前每公顷施 1.95～2.25 吨腐熟的农家肥和 150 千克过磷酸钙作基肥。进水后整田耙地，将基肥翻压在田泥中，最好分布在离地表面 5～8 厘米。

3. 暂养池移栽水草　暂养池加水后，用生石灰彻底清池消毒。在插秧之前 1～2 个月，暂养池中必须事先移栽水草，通常以栽种伊乐藻为佳，以利于蟹种的栖息、隐蔽、生长和蜕壳。暂养池早栽草，是提高蟹种成活率的关键措施。

三、改革水稻栽培工艺——大垄双行

水稻要选择生长期长，分蘖力强，丰产性能好，耐肥抗倒，抗病虫，耐淹，叶片直立，株型紧凑的水稻良种，如辽星 1 号、辽粳 9 号和千重浪等。为预防水稻象甲虫病，采取插秧前 3 天，苗床喷洒内吸剂杀虫剂（苦矽碱）防治，避开大面积插后用药伤害河蟹。

水稻栽插采用“大垄双行、边行加密技术”。以长 420.0 米、宽 357.0 米的 1.0 公顷稻田为例，常规插秧 0.3 米为 1 垄，2 垄 0.6 米。大垄双行 2 垄分别间隔 0.2 米和 0.4 米，2 垄间隔也是 0.6 米，为弥补边沟占地减少的垄数和穴数，在距边沟 1.2 米内，0.4 米中间加 1 行，0.2 米垄边行插双穴。一般每公顷插约 20.25 万穴，每穴 3～5 株（如稻田内设暂养池，则待蟹种捕出后，用泥填平后，再补插秧苗）。

四、稻田蟹种放养与暂养池管理

通常，放养规格为 150 只/千克的蟹种 0.75 万～0.90 万只/公顷，蟹种先在稻田暂养池内暂养（暂养池蟹种密度不超过 4.5 万只/公顷）。暂养池的消毒同池塘养蟹。

暂养池要早投饵，投饵量按蟹体重的 3%～5%投喂，根据水温和摄食量及时调整；7～10 天换水 1 次，换水后用 20 克/米^{3}生石灰或用 0.1 克/米^{3}二溴海因消毒水体，或用生物制剂调节水质，预防病害。强化饲养管理，待秧苗栽插成活后再加深田水，让蟹进入稻田生长。蟹种的消毒同池塘养蟹。

五、水稻栽培管理

1. 养蟹稻田水浆管理 养蟹稻田，田面需经常保持3～5厘米深的水，不任意改变水位或脱水烤田。如确需烤田时，只能将水位下降至田面无水，也可采用分次进行轻烤田，以防止水体过小而影响河蟹生长。

2. 病害防治 养蟹稻田水稻病害较少，一般不需用药。如确需施用，必须选用毒性低的农药；准确掌握水稻病虫发生时间和规律，对症下药；用药方法要采用喷施，尽量减少农药撒落地表水面；施药前应降低水位，使蟹进入蟹沟内，施药后应换水，以降低田间水体农药的浓度；分批隔日喷施，以减少农药对河蟹的危害。

六、稻田河蟹日常管理

1. 科学投饵

（1）定季节 在养殖前期，饵料品种一般以优质全价配合饲料为主；养殖中期，饵料应以植物性饵料为主，如黄豆、豆粕和水草等，搭配少量颗粒饲料，适当补充动物性饵料，做到荤素搭配、青精结合；在养殖后期是育肥阶段，多投喂动物性饲料或优质颗粒饲料，其比例至少50%。

（2）定时 河蟹的摄食强度随季节、水温的变化而变化。在春夏两季水温上升15℃以上时，河蟹摄食能力增加，每天投喂1次；水温15℃以下时，河蟹活动、摄食减少，可隔日或数日投喂1次。因为河蟹具有昼伏夜出活动的特性，故投饵应在傍晚前后。

（3）定点 养成给河蟹定点吃食习惯，既可节省饲料，又可观察河蟹吃食、活动等情况。一般每公顷选择75个左右的投饵点。

（4）定质 稻田养蟹要坚持精、青、粗饲料合理搭配。精料为玉米、麦粒、豆粕和颗粒饲料，前者必须充分浸泡，煮熟后投喂；而颗粒饲料要求蛋白含量在38%以上，并含有0.1%的蜕壳素，其水中的稳定性需在4小时以上。青饲料主要是河蟹喜食的水草、瓜类等。动物性饲料为蓝蛤、小鱼虾、天津厚蟹、动物内脏下脚料。为防止其变质，有利于消化吸收，冰鲜的动物性饲料必须煮熟。

（5）定量　一般每天投喂1～2次，动物性饵料占蟹体重的3%～5%；植物性饲料占蟹体重的5%～10%。每次投饵前检查上次投饵吃食情况，灵活掌握。

2. 水质调控　稻田养蟹，由于水位较浅，要保持水质清新，溶氧充足，就要坚持勤换水。水位过浅时要适时加水，水质过浓则应更换新水。正常情况下，稻田中水深保持5～10厘米即可。注意换水时温差不要过大，一般宜在10:00～11:00，待河水与稻田水温接近时进行。换水次数，4～6月每周1次，换水量1/5；7～8月每周2～3次，每次换水1/3；9月后每5～10天换1次，每次换水1/4。

调节水质另一个有效办法是，定期施生石灰，一般每半个月施1次，每公顷用量225千克左右。注意施生石灰的面积，按蟹沟和暂养池等面积来计算。定期施生石灰，既可调节池水的酸碱度，改良水质，又可增加池水钙的含量。

七、河蟹的捕捞与水稻的收割

通常在水稻收割前1周，开始将稻田内的河蟹捕出。在盘锦地区国庆前收商品蟹，国庆后收割水稻。

1. 河蟹的起捕

（1）利用河蟹夜晚上田埂、趋光的习性捕捞。

（2）利用地笼网具等工具捕捞。

（3）放干蟹沟中水进行捕捞，然后再冲新水，待剩下的河蟹出来时再放水。

采用多种捕捞方法，河蟹的起捕率可达95%以上。

2. 收割水稻　收割水稻时为防止伤害河蟹，可通过多次进、排水，使河蟹集中到蟹沟、暂养池中，然后再收割水稻。

第四节　养殖实例

盘锦市盘山县坝墙子镇吴家堡村任凤军，采用北方地区稻田河蟹生态养殖模式——“盘山模式”，在面积为22.0公顷的稻田中，放养规格为180～200只/千克的蟹种，放养密度为1.2万～1.5万只/公顷，经过4个多月的养殖，平均单产为300～375千克/公顷，平均价格36元/千克左右，效益为6 000元/公顷以上。

第七章
几种典型的河蟹混养模式

第一节　蟹池套养青虾混养模式

河蟹青虾混养，是指以河蟹为主、青虾为副的一种养殖模式，蟹池中混养两茬青虾能显著提高养殖效益。目前，青虾价格一直稳定在较高位，养殖投入少，市场风险小，同时还减少了单一养殖河蟹的市场风险。并且青虾的争食能力比河蟹差，不影响河蟹生长，在江苏苏南河蟹养殖面积中河蟹、青虾混养面积占80%以上，此种养殖模式为增加广大养殖户的收入起到了重大作用。但现有的部分养殖户中，养殖技术达到中上水平的还不多，其主要原因之一就是河蟹、青虾混养池的水质调控技术难度大，尤其是河蟹、青虾混养池中水草养护技术还有待提高。

一、池塘结构

养殖池塘面积不限，一般以不超过30亩为好，水深1.0～1.5米。以池塘结构类型分两种：一是平底型，水草以伊乐藻或轮叶黑藻为主；二是稻田开挖的井字平板形，田板上以轮叶黑藻、苦草为主，环沟以伊乐藻为主。

二、放养前准备

1. 首次养殖塘口

（1）清整池塘　冬季干塘后清除过多的淤泥，加固塘岸和防逃设施，彻底曝晒塘底20天以上。

（2）彻底清塘　放养前20天进水10～30厘米，用生石灰150千克/亩加水稀释后全池均匀泼洒，清除野杂鱼及有害物。

（3）种植水草　全池均匀分布种植伊乐藻，种草量不宜过多，覆盖率为20%左右。

（4）肥水　放养前1周注水至30～50厘米，视池塘底质和水质，使用经发酵的有机肥50～100千克/亩，也可使用生物肥料。保持适度肥水，培育充足的天然饵料，提高苗种成活率，促进水草生长，预防青苔生长。

2. 持续养殖塘口　因青虾市场价格一般在春节后偏高，加之，经过干塘造成青虾苗种死亡率较高，所以，近年大部分养殖户采取春节后捕捞商品虾，上年存塘的商品虾以青虾第一次蜕壳前所捕捞的商品虾为准，苗种存塘数以经验估值。

（1）清除野杂鱼　商品虾捕捞结束后，用符合国家标准的杀鱼药物杀死野杂鱼，每亩用量以产品说明书为准，并结合池塘具体情况，经试验后全池泼洒。

（2）池塘消毒　因气温较低，一般用碘制剂类药物，以产品说明书使用量的高限为用量，1周内全池连续泼洒2～3次。

（3）整理水草　种植伊乐藻的塘口，一般水草偏多，影响肥水，需要将多余的草捞出。种植轮叶黑藻的塘口，需适量种植伊乐藻，覆盖率为10%左右。

三、苗种放养

在2月底前，原则上扣蟹放养结束，放养规格在100～160只/千克，亩放养量600～1 200只。单个塘口蟹种要规格整齐，附肢健全，活动力强。青虾苗放养分春季和秋季两次放养，青虾苗种放种量要根据自身养殖水平来定，不能盲目追求高产。春季放养，首次养殖塘口一般亩放规格为600～1 000尾/千克的虾苗10～20千克；持续养殖塘口要根据存塘虾数量酌情掌握。秋季放养量，一般亩放规格为6 000～8 000尾/千克的虾苗4万～5万尾。

四、螺蛳投放

亩投放螺蛳300～500千克。螺蛳分2批投放效果更佳，一次过量投放，易造成水体缺氧和因螺蛳摄食大量浮游生物造成水质清瘦。第一次以清明前后投放为佳，投放量为总量的40%；第二次在6～7月中旬投放。因目前螺蛳的价格居高不下，所以，螺蛳主要是改良池塘底质为主要目的，同时，为河蟹后期养殖提供高蛋白饵料。要用足量及合适的饲料来保护螺蛳，避免中前期河蟹吃食螺蛳。

五、调控水质

一般水温在 5～15℃时，河蟹、青虾塘每 10 天左右加注新水 1 次；水温在 15～25℃时，一般每周要加注新水 1 次；水温在 25～35℃时，一般每 2～3 天加注新水 1 次。每次加注新水应控制在 3～5 厘米。需要注意的是，加注的新水要求无污染、无青苔和无蓝藻。

蟹虾混养的核心技术之一是水质调控。调控水质的方法之一，就是施放一定的有机肥基肥和视水质情况定期施放无机肥，施肥的数量原则上是视池塘的底质、进水的水质情况而定，一般 3～5 月保持池塘水质的透明度在 30～35 厘米，透明度过高说明池水偏瘦，需加大施肥量和次数；反之，就应减少施肥的次数和数量。进入 6 月以后，养殖池水的透明度应控制在 35～40 厘米。因此，控制池水的透明度原则上是水温低、透明度也低，水温高、透明度应控制得大一点。这里需要注意的是：施放的有机肥一定要是充分腐熟发酵过的有机肥或生物肥；二是施放的无机肥以复合肥为主。

河蟹养殖前期水质清瘦、混浊、发白等是极其常见的问题，如未能及时予以解决，将严重影响河蟹的第一次和第二次蜕壳。一种情况是，水体中充满轮虫使水成白雾状，多由于浮游动物过多所引起，此水质的浮游植物（藻类）缺乏、溶氧量较低，当出现气压低时容易导致池塘缺氧或泛塘，直接导致肥水十分困难。解决方法为，全池或局部使用伊维菌素，将过多的浮游动物杀灭，进含藻水 5～10 厘米，并施入生物肥料以快速肥水，待水肥起来后定期适当追肥。另一种情况是，水质白雾状，肉眼可见大小不等的白色碎片或颗粒物，在显微镜下观察，可见这些碎片包含有若干单胞藻、细菌及有机质等，采用二氧化氯全池泼洒 1～2 次后，再用生物制剂泼洒。

定期投放生物制剂，投放生物制剂能增加水中有益菌的浓度，从而抑制水中有害菌和有害藻类的生长。投放生物制剂时，可根据水质肥瘦情况适量投放肥料，以加速有益细菌的繁殖，增强抑制青苔生长的效果。

六、青苔防治

丝状藻对蟹池水质和水草危害很大，并覆盖在水草上使其腐烂，加上自身腐烂败坏水质，因此，池塘养蟹必须及时控制青苔的发生。一旦发现水草上有丝状藻，及时使用有效青苔药物局部施于青苔密集处集中杀灭，等青苔腐烂后立即使用芽孢杆菌等生物制剂进行分解处理。若丝状藻很多时可以分批进行杀灭，并且要配合使用氧化硫化氢的微生物制剂（解毒灵）进行解毒，以免丝状藻腐烂引起河蟹缺氧或硫化物中毒。清除青苔药物使用方法，要根据不同的土质、水质、气温、水温和自己的用药经验等灵活应用，尤其要注意用药的量和次数，否则也会对虾、蟹池中的水草造成实质的危害。

七、适时增氧

增氧的作用一是增加水中溶氧，二是保护水草。天气闷热，午后开机 2～3 小时，凌晨 2 时开机持续到翌日白天。阴雨天或低压天气，傍晚提前开机，持续到翌日中午。养殖后期勤开机，保持溶氧稳定在 5 毫克/升以上，一般使用微孔增氧设施其效果较好。

八、水草养护

目前，蟹虾池塘水草大部分是以伊乐藻为主，但是其不耐高温，夏季高温期生长停滞，进入休眠状态，长期在水温 30℃以上就会因高温灼伤而叶片发黄、萎缩、腐烂而引起水质恶化。伊乐藻由于 4～5 月池塘水位较浅，生长速度较快，很快向池塘四周蔓延，能覆盖整个池塘，应及时分疏。判断伊乐藻正常生长的依据是，要有白根和嫩茎叶。

1. 影响水草正常生长的主要原因

（1）*水草光合作用效果减弱，从而影响水草正常生长*　①水质混浊或过肥，从而影响了水草的生长。蟹池时常因种种原因，使池水变得混浊；或因水质肥沃使池水透明度过低、透光性差，光合作用受到抑制。混浊物的来源主要是各种有机碎屑或泥浆，使草体污秽增多，阻碍水草的生长。②草粘污垢。由于水草表面易为细菌等微生物附生，使得草表体常充满黏性物质，水中的各种小颗粒物质被粘连其上，不仅影响其光合作用，而且还阻碍了与水体环境的物质交换作用，草体起初表现不长、发黑，渐渐死亡腐烂。③青苔覆盖。

（2）*轮虫和枝角类等动物泛滥*　当水质较清瘦时，水体中的轮虫和枝角类等动物的饵料较为缺乏，而伊乐藻或轮叶黑藻茎叶周缘又聚集着大量的细菌、单胞藻、腐殖质等，这些小型动物贴附于茎叶之上摄食和繁殖，如同草的周身生满了虱子一样，使水草无法生长，慢慢地萎缩。

（3）伊乐藻烂根浮起继而下沉全株腐烂　①水草密度过高使通透性太差，由于伊乐藻生长迅速，草根部光照严重不足，而且通气性亦很不足，一段时间后，下层茎部发黑，继而腐烂断开，又因上部的浮力作用，使整株漂浮。②底质恶化。一种情况是污泥厚，底质差，草根着生于污泥上，伊乐藻容易腐烂；另一种情况是长期过量投喂，残饵与粪便累积，造成烂根。

（4）药物危害　一是用药不当造成塘草死亡而腐烂，如选错杀青苔药物，误杀了水草；二是施用肥料的时间和方法不对，从而影响了水草生长。

2. 伊乐藻养护方法

（1）加强水草管理　生产上可按“春浅、夏满、秋适中”的方法进行水位调节。在高温来临前7～10天，应将伊乐藻草头割掉，草顶部离水面10～30厘米即可。水草不是越多越好，水草封塘，势必影响池塘水面风浪，影响池水与空气交换，夜间水草消耗水体溶氧，同时不利于肥水，其覆盖率应控制在60%左右。

（2）保证水体中水草所需的养分　水草生长需要钙、磷、氮、碳等以及多种微量元素。良好蟹池中有足够的有益菌群，它们能及时将河蟹等动物排出的粪便分解转化为无机营养元素，供给水草生长之用。施用有益菌组成的微量元素肥料，然后再考虑割除部分水草。

（3）当水质混浊不清时，应及时采取有效措施　蟹池水质混浊不清，使伊乐藻或轮叶黑藻正常生长受到影响，严重时使伊乐藻很快死亡，因此必须及时采取有效措施，调清水质，清洁草体。水体中充满轮虫使水成白雾状，方法与杀灭枝角类动物相同；水质白雾状，肉眼可见大小不等的白色碎片或颗粒物，采用二氧化氯全池泼洒1～2次后，再用生物制剂泼洒；水中发生水华藻类，如蓝藻类的鱼腥藻和颤藻等，使用活力菌素可以有效抑制，更可以预防其发生。

九、饲料投喂

春季3～5月，要多投喂一些动物性饲料如小鱼，或粗蛋白为36%以上的颗粒饲料；夏季6～8月高温季节，以投喂粗蛋白为32%的颗粒饲料；9月的后期又要多投喂一些动物性饲料让河蟹增重，日投饵量可根据蟹的摄食情况，按池内蟹体总重量的3%～5%投喂，17:00以后投1次为好。投饵时要做到定质、定量、定时、多点投喂。并要结合天气、水质、河蟹摄食情况进行调整，科学投喂。整个养殖季节饲料投喂，要注意观察青虾的活动或肠胃饱满度，一般河蟹先吃，青虾后吃，青虾肠胃饱满度好，说明饲料充足。

十、日常管理

做好防逃防盗措施，每天巡塘，观察虾、蟹的吃食活动、生长蜕壳情况，发现问题及时处理。及时清除池中青苔及漂浮的水草。春季青虾捕捞时间为4月中旬至7月下旬，每天用地笼捕大留小。而青虾进入秋季性早熟阶段，如发现溞状幼体量大，即用氯制剂消毒剂全池泼洒，杀灭青虾幼体。

十一、病害防治

河蟹和青虾混养的主要矛盾是，河蟹的杀虫药和外用消毒药的使用对青虾影响较大，杀虫药和消毒药一般是避开河蟹蜕壳高峰，但也要兼顾青虾的蜕壳高峰。按河蟹养殖杀虫药的使用特点，8月后仅使用1次，所以完全可以避开两个高峰。消毒药使用次数多，但进入高温季节后，一般可用微生物制剂调节水质，使用时间为10～15天泼洒1次。结合内服药的使用，可以避免使用消毒剂对青虾的损害。

十二、捕捞注意事项及产量效益

成蟹进入洄游季节，池塘水质将变混，透明度下降，此时，除水草的净化作用外，还要泼洒芽孢杆菌类等微生物制剂，确保水质透明度在30厘米以上，保证青虾在深秋季节特别是大雾天不缺氧。河蟹捕捞操作要避免对青虾的伤害，一般用大网目的有结网地笼起捕成蟹，笼梢还要开有小洞，确保大规格青虾不在笼梢中停留。一般河蟹亩产量可达60～100千克，青虾上市亩产量能达30～80千克，其中，春季青虾产量为30～50千克，平均亩效益为3 000～10 000元。

十三、典型实例一

1. 基本情况　昆山市锦溪镇狭港村养殖户顾杏荣，2口池塘，面积18亩，东西向，长方形。亩放规格为170只/千克的蟹种1 300只。春季：亩放规格为800尾/千克的青虾25千克；秋季：亩放规格为8 000尾/千克的虾苗5千克。种植伊乐藻，初始覆盖率为20%，春季覆盖率控制在40%左右。清明前亩放螺蛳250千克，6～7月亩放螺蛳250千克。

2. 水质管理

（1）*施肥* 全年肥水，10天1次，主要种类以生物合成肥为主，用量为每亩0.15千克，前期另加少量氨基酸、葡萄糖等。水体透明度在30～50厘米波动，以10天为一个周期。

（2）*泼洒生物制剂* 前期使用的生物制剂为光合细菌加EM复合菌，后期施用芽孢杆菌，每10天左右1次；解毒或底改药物为硫代硫酸钠、果酸交替使用，每10天左右1次。

（3）*清除过量轮虫* 方法为前期适量使用阿维菌素。水位控制，前期水深为50～60厘米，中后期为1～1.2米。

3. 青苔防治及水草养护 全年池塘未出现青苔，主要是伊乐藻总是趋于快速生长阶段。另外，前期施用腐殖酸钠全池泼洒，起到了防止青苔效果。由于池塘没有清塘，池中伊乐藻偏多，开春将伊乐藻全部清除。以后，每月刹草1次，其中，4～6月为半个月1次。4～6月伊乐藻覆盖率为40%，7～9月伊乐藻覆盖率为80%。

4. 饲料投喂 前期投喂饲料种类有蚌肉干、粗蛋白含量为42%的颗粒饲料各一半；中后期为粗蛋白含量为34%的颗粒饲料。另外，饲料中加EM菌、低聚糖及其他微量元素，每亩投饲量从0.5千克逐渐增加至3千克。

5. 病害防治 纤毛虫防治为3月、4月、5月及白露各1次。消毒剂使用种类，前期为碘制剂，后期为氯制剂，使用时间为3月中旬、4月中旬、5月、白露各1次。中后期在饲料中加中药“五黄”粉，全年没有出现死蟹现象。

6. 产量及经济效益 春季青虾从4月中旬至7月下旬，捕大留小，持续起捕，春季成虾亩产量为51千克，秋季成虾产量为35千克，亩总产成虾86千克，青虾亩产值为6 000元；成蟹亩产110千克，成蟹平均规格135克，成蟹亩产值为9 680元。亩总产值15 680元，亩总成本6 500元，亩效益9 180元。

十四、典型实例二

1. 基本情况 南京市高淳区桠溪镇镇东村养殖户韦琛，池塘1口，面积

15 亩，池塘形状方形，春节前清塘、晒塘和消毒。池塘内原有轮叶黑藻芽苞，开春发叶生长。清明前亩放螺蛳 200 千克，6 月亩放螺蛳 200 千克。亩放规格为 160 只/千克的蟹种 600 只。春季：亩放规格为 2 000 尾/千克的青虾 7.5 千克；秋季：亩放规格为 6 000 尾/千克的虾苗 0.84 千克。

2. 水质管理

（1）施肥 6 月前，施复合肥 1 次，每亩用量 2.5 千克，氨基酸、硅藻 4～5 次，用量按产品说明书使用。9 月底每亩施复合肥 5 千克。

（2）泼洒生物制剂 全年泼洒 EM 复合菌 6 次，上半年施用底质改良剂 3 次，主要是杀青苔后使用，8 月 1 次。

（3）4 月使用阿维菌素清除过量轮虫 1 次，5 月下旬使用伊维菌素 1 次。水位控制，前期水深为 50～60 厘米，中后期为 1～1.2 米。

3. 水草养护及青苔防治 4 月、5 月、6 月杀青苔各 1 次。由于池塘上年存塘轮叶黑藻种子较多，池中水草偏多，全年人工刹草 2 次。4～6 月伊乐藻覆盖率为 50%，7～9 月伊乐藻覆盖率为 70%。

4. 饲料投喂 前期投喂饲料种类有小鱼占 80%、粗蛋白含量为 36%的颗粒饲料占 20%；中后期小鱼占 75%、粗蛋白含量为 32%颗粒饲料占 10%，豆粕、玉米、小麦占 15%，每亩投饲量从 0.5 千克逐渐增加至 4 千克。

5. 病害防治 纤毛虫防治为 4 月 1 次。消毒剂使用种类，前期为碘制剂、后期为氯制剂，使用时间为 4 月中旬、6 月、8 月、9 月各 1 次，使用量按产品说明书使用。全年没有河蟹死亡。

6. 产量及经济效益 春季青虾从 5 月上旬至 7 月下旬，捕大留小，持续起捕，春季成虾亩产量为 22.5 千克，秋季成虾产量为 35 千克，亩总产成虾 57.5 千克，青虾亩产值为 4 500 元；成蟹亩产 60 千克，成蟹平均规格 165 克，成蟹亩产值为 4 200 元；轮叶黑藻种子亩产值 850 元。亩总产值 9 550 元，亩总成本 3 500 元，亩效益 6 050 元。

第二节 蟹池套养鳜混养模式

在大规格河蟹养殖中，常出现野杂鱼与河蟹争食饵料的情况，影响河蟹正常摄食与生长，降低养殖户经济效益。为了解决这个问题，在河蟹池塘中套养一定数量的鳜鱼种。鳜套养，主要是利用蟹池内与主养品种争食、争氧、争空间的野杂鱼、虾作饵料，有利于主养品种产量和品质的提高，不仅改善水质，提高饲料利用率，充分挖掘水体生产潜力，而且将经济价值较低的野杂鱼转化为经济价值较高的鳜，达到鳜、河蟹双丰收，是河蟹养殖结构调整的一种可行的模式。

一、池塘结构

河蟹池塘土质为保水、保肥能力强的黏土或者壤土，一般为长方形，东西走向，面积 30～80 亩。蟹池较浅的可在塘内侧开挖 60 厘米左右、宽 5～8 米的蟹沟。

二、放养前的准备工作

冬季进行（12 月至翌年 1 月），抽干池水，曝晒 1 个月，留淤泥 10 厘米左右，用于种植水草。池塘修整后，用生石灰 100～150 千克/亩消毒。1 周后在环沟内种植水草，保持水深 30 厘米左右，采用伊乐藻切茎分段方法扦插种植。在浅水区域用网布围成网围，在网围内洒轮叶黑藻或苦草种子。

三、苗种、螺蛳放养

12 月至翌年 2 月，挑选规格为 50～120 只/千克、附肢齐全、体质健壮的长江水系蟹种，在环沟内亩放蟹种 600～1 200 只。

12 月至翌年 2 月，放养规格为 500～2 000 尾/千克青虾苗种，亩放青虾 2.5～5 千克。

5 月上旬至下旬，亩放规格为 5～6 厘米的鳜 15～20 尾。

螺蛳投放：改一次投放为二次投放，以免前期因螺量大、水草多、水质偏瘦而大量滋生青苔。在清明前每亩投放鲜活螺蛳 150～250 千克，6～7 月投放螺蛳 150～200 千克。

四、饲料投喂

鳜饵料来源有：一是注水时带进的野杂鱼类；二是在池中培育的鱼苗和青虾苗等。一般亩放鳜 15～20 尾的情况下，两种来源即可满足其食物的需要。池塘内拥有适时、适口、适量饵料鱼，保证鳜等的摄食生长需求。养殖期间不需要投喂饵料鱼，依靠投喂饵料鱼增加鳜套养密度，并不能达到明显的经济效益。目前，养殖上将通过两种方法增加鳜饵料：一是根据需要打水，增加外来野生鱼虾苗；二是适量肥水，以增加青虾苗数量。具体量的掌握，主要是通过各种塘口及环境进行经验总结。

河蟹、鳜混养模式的饲料投入，分为高、中、低三个档次：第一是高投入模式，饲料以优质杂鱼为主，同时辅以优质全价配合饲料；第二是中投入模式，饲料全年以优质全价配合饲料为主，植物性蛋白饲料为辅；第三是低投入模式，饲料全年以豆粕、小麦、玉米等植物性蛋白饲料为主。投饲量根据放养蟹种的数量、重量和所投饲饵的种类制定年投饲总量，根据当地的气候条件、水温变化，按照年投饵量制订月投饵计划。具体投饲情况，投饵方法上坚持"四定""四看"。"四定"，即定时、定质、定量、定位；"四看"，即看季节、看水色、看天气、看蟹吃食、活动情况进行喂养。

五、水质调节

1. 水位调节　从放种时0.3～0.5米开始，随着气温升高，视水草长势每10～15天加注新水1次。3～5月水位0.5～0.7米，高温前水位0.6～0.8米，高温期间保持池塘最高水位1.2～1.3米，9～11月1米左右。

2. 注水施肥　养殖户要根据自身的经济情况，灵活掌握。注水施肥是蟹、虾生态混养过程中的重要一环，水质培育得好，放苗后成活率高，生长快。注意事项：易长青苔和蓝藻的池塘，减少含磷肥料的用量，以有机肥或生物肥为主。高温期间，最好是每天适量加水，避免一次打水太多，保持池塘水体的稳定性。

3. 水质改良方法及生物制剂应用　在4～6月，每20天使用1次生石灰，每次2.5～7.5千克/（亩·米），兑水均匀泼洒。7～9月，用EM复合菌全池泼洒4次，用量1千克/（亩·米）；或用光合细菌2～4千克/（亩·米）泼洒。EM生物制剂或光合细菌等，在生石灰等消毒剂用后7～10天使用。在梅雨季或高温季节，除常规进水增氧外，根据水质变化选择使用增氧机。为保证使用效果，在使用微生物制剂前2～3天，使用1次底质改良剂。

六、水草养护

1. 伊乐藻的养护　将根据养殖户实际情况而定。一般是5月、6月、7月各刹割和整理1次，保持合适的覆盖率和单位面积草的密度。由河蟹亩产量的高低来决定覆盖率的大小，一般是60%～80%。

2. 轮叶黑藻的养护 主要是在高温时，植株密度太高，造成草中间水体缺氧，影响河蟹的栖息和生长。所以，7～9月期间，需要对轮叶黑藻进行梳理，保持合理的水草密度。

七、疾病防治

在养殖过程中，应坚持“预防为主、防治结合”的原则，做好套养池病害的防治工作。具体措施如下：①饵料鱼要投喂冰鲜小杂鱼，或将生鲜小杂鱼进行冰冻处理后再投喂，或与其他饵料一起拌上EM菌再投喂；②定期投喂“三黄粉”等药饵，10～15天为一个疗程，以有效增强河蟹的抗病力；③防治鳜暴发性流行病，定期泼洒含氯制剂等。

八、产量及效益

蟹虾混养模式，由于各地放种量及饲料等投入的差异，成蟹的规格和产量有很大的差别。一般河蟹在正常年份平均规格为160～200克，河蟹平均亩产量为50～120千克；鳜平均规格为500～750克，亩起捕12～16尾，平均亩效益为2 000～6 000元。

九、典型实例

1. 基本情况 江苏省兴化市竹泓镇舒余村江苏省金香来大闸蟹有限公司，塘口2口，面积60亩，东西走向，由稻田开挖平板形结构，井字形环沟。

2. 苗种、螺蛳放养 2月15～20日，亩放纯正长江水系蟹种1 200只，蟹种平均规格80只/千克。亩放规格为每千克1 000～16 00尾青虾5千克；5月15日，亩放5～5.5厘米鳜18尾；清明前亩放养螺蛳200千克，5月亩放养螺蛳300千克。

3. 水草种植 春节前在池塘环沟内种植伊乐藻，覆盖率为20%左右。4月在田板上洒苦草和轮叶黑藻种子各一半，并用网围拦。

4. 水质管理及青苔防治

（1）肥水　3月、4月、5月各杀青苔1次。杀青苔并腐烂后，随即肥水1次，肥料为生物肥为主，适当加一些复合肥。复合肥量的多少，主要根据各池塘青苔的总量决定，青苔量大，则复合肥少用；反之，则复合肥比例适当增加。

（2）生物制剂使用　5～6月，每半个月施用EM菌调水1次；7～9月，每半个月施用芽孢杆菌加生物底质改良剂1次。用量按产品说明书使用。

（3）水位及进水　3月水深以环沟深为准，4月将水加到田板上20～30厘米，用于播撒苦草和轮叶黑藻种子。池塘水位将随着气温的升高，逐步加高。7～8月期间，每天适量打水，保持池塘水深达最高水位。

5. 水草养护　伊乐藻养护主要为5月和6月各刈割1次，并且在密度高的区域进行适当整理；苦草养护主要是7月和8月，苦草植株高度达水面时，从苦草中部用拖刀刹割，并用拖网将漂浮的苦草清除；轮叶黑藻养护是在8月，轮叶黑藻局部植株密度太高时，通过人工整理。在5～8月期间，根据水草生长情况，适当施用水草促生长素2～4次。

6. 饲料投喂　全年饲料以天邦颗粒饲料为主，约占总饲料的75%。前期粗蛋白含量为36%，中后期粗蛋白含量为32%；8～9月加一定比例的小杂鱼，约占总饲料的15%；玉米、小麦和豆粕占15%。

7. 病害防治　6月初用杀虫药1次；4～6月用消毒剂3次，全部用氯制剂类消毒剂。全年基本没有发生死蟹。

8. 产量及经济效益　养殖的河蟹平均亩产75千克，母蟹规格150克，公蟹平均规格200克，河蟹亩产值7 240元；亩出产鳜18.5千克，亩产值560元；亩产青虾7.5千克，亩产值450元。亩总产值8 250元。亩成本4 300元，亩效益3 950元。

第三节　虾蟹鱼混养生态养殖模式

虾蟹鱼生态混养，是目前技术比较成熟的养殖模式。具有以下优点：①虾蟹鱼多品种同池混养从生物学观点看，既能充分利用水体的生物循环，又能保持生态系统的动态平衡，不仅有利于共存，而且能够互相促进生长发育；②池塘通过种植水草、投放活螺蛳，营造了良好的水生动物生态环境，池水自净能力强，保持溶氧充足，天然生物饵料丰富，能发挥各养殖品种快速生长的优势；③混养池中由于通过水体生物的物质循环作用，所投喂的饲料及各养殖品种的代谢排泄物，均可通过食物链的关系作为养分而被充分利用，养殖水体自身污染程度低，可实现“零排放”；④由于池塘生物载量适宜，养殖品种生存条件好，因此病害较少，可减少因病害死亡造成的损失，也节约了防病治病用药的成本，同时，在不用药或很少用药情况下生产的水产品无药物残留，符合无公害食品的要求，产品销售价格高；⑤根据市场需求，采取定期捕捞和常年捕捞相结合的方式，所养的水产品都能卖到适宜的价钱，避免单一品种养殖的市场风险，且资金周转快。虾蟹鱼生态混养模式中的虾为青虾，鱼为滤食性的鲢、鳙，肉食性的鳜、黄颡鱼，杂食性的异育银鲫、塘鳢、细鳞斜颌鲴等。一般设计亩产量河蟹 60～75 千克，青虾 20～40 千克，优质鱼类 100 千克左右，可实现纯效益比单一养殖提高 30%以上的效果。

一、池塘条件与准备

1. 蟹池条件 池塘要求靠近水源，水量充足，水质清新，周围无威胁养殖用水的污染源，排灌方便。池塘最好为长方形，东西向。同时要求塘堤坚固，防漏性能好，土质为壤土或黏土。池塘面积一般 20～30 亩，最小不小于 10 亩，最大不超过 50 亩；水深 1.2～1.8 米，平均 1.5 米左右，坡比为 1∶(3～4)，有一定的浅水区，浅滩区域（水深 0.5～1 米）占 30%以上；池底淤泥 10 厘米以下，少量的淤泥有利于水草生长；池角呈圆弧形，可以减少外逃。池中央为平坦底质的浅滩区，最高水位 0.5～0.8 米。池中四周留埂，浅滩脚外为深水区，开挖养蟹沟，沟宽在 5～8 米，最高水位可达 1.5～1.8 米，每口池塘建设独立的进排水系统，进、排水口分别设置在池塘对角线上，并配备水泵、船只和管理用房等，要求交通便利，电力供应有保障。

2. 建防逃设施 沿池埂四周内侧建防逃设施，防逃材料要求表面光滑，使河蟹难以攀爬，且坚固耐用，不易老化，来源广，构筑简单，修补方便，通常使用钙塑板或防逃网做成防逃设施。钙塑板下端埋入底泥 10～15 厘米，高出埂面 60 厘米，每隔 0.5 米设一桩支撑，最好在其外围四周设置网片，高 1 米。

3. 池塘清整消毒 冬季排干池水，加固池埂，堵塞漏洞，清除过多的淤泥，然后晒塘 10 天以上，要求晒到塘底全面发白，干硬开裂，越干越好。放苗前 15 天加水 15～20 厘米，每亩用优质生石灰 150 千克，化开后趁热全池泼洒，泼洒后第二天用铁耙将沉底的石灰块搅拌均匀。生石灰使用 1 周后，再用茶粕 50 千克或茶粕素 2 千克（用浓度 2.5%的食盐水浸泡 2 小时）全池泼洒，可起到肥水和促进虾蟹生长的目的。消毒后用密网围拦池塘 10%左右面积用于暂养蟹种，用于种草和护草，待蟹池水草生长茂盛后再拆除拦网。

4. 栽种水草　养殖池中的水草既增加隐蔽场所，可净化水质，又能作为植物性饵料供河蟹摄食。常见水草及其栽种方式为：

（1）伊乐藻　伊乐藻原产于北美洲加拿大，它是一种优质、速生、高产的多年生沉水植物，具有高产、抗寒、营养丰富等特点。尤其是冬春寒冷的季节里，其他水草不能生长的情况下，该草仍具有较强的生命力，是冬春蟹池不可缺少的水草种类。其缺点是不耐高温，水温 30℃以上，就容易发生坏死烂草现象。另外，如果在蟹池由其疯长，会大面积覆盖池底，造成池底缺氧。移栽时注水 30 厘米，鲜草扎成束，扦入泥中 3～5 厘米。移栽的伊乐藻要干净，切忌夹带青苔。

（2）苦草　俗称面条草、扁担草，有蟹池“水下森林”之称，是蟹池中种植最多的水草品种之一。苦草有横走的匍匐茎，茎端具芽可形成新的植株。河蟹仅夹食苦草的嫩芽，较少摄食叶片。选择晴天晒种 1～2 天，然后浸种 12 小时，捞出后搓出果内的种子，并清洗掉种子上的黏液，再用半干半湿的细土或细沙拌种全池撒播，每亩用种 100～250 克，主要根据种子成熟度确定用量。

（3）轮叶黑藻　也称节节草、黑藻，是近几年蟹池大量种植和移植的水草之一。轮叶黑藻叶片带状，4～8 枚轮生。轮叶黑藻有些变异，有的植株叶子较厚而硬，向后弯曲；有的植株叶子较薄而软。轮叶黑藻的种植有芽苞种植和整株移植两种方法。芽苞种植：3 月选择晴天，加注池水 10 厘米，每亩用种 500～1 000 克，播种时按行、株距各 50 厘米将芽苞 3～5 粒插入土中，或者干脆拌泥沙撒播。整株移栽：5～8 月，天然水域中的轮叶黑藻已长成，长达 40～60 厘米，视蟹池水草疏密程度，每亩用草 100～200 千克，一部分被蟹直接摄食，一部分生须根着泥存活。

（4）金鱼藻　俗称松花草。多年沉水性植物，植物体光滑，茎细长分枝，较脆弱，易折断，叶线形，多为叉形分裂，边缘有刺状的微细锯齿，通常 6～8 片轮生，无叶柄。其茎叶为河蟹喜食，为无性繁殖，可由植物体断片脱离母体长成新株，秋末形成冬芽，沉入水底越冬，翌年萌发成新株，果实为长卵形小坚果，但种子不易采集，故一般池塘以植株移植为主。金鱼藻适温范围较广，在水温低至 4℃时也能生长良好，水温较高时生长最旺盛。种植方法一般是把金鱼藻植株切断部分枝叶投入水中，沉到水底就能生长。

（5）喜旱莲子草　俗称水花生。多年生水生植物，茎圆柱形，中空，茎节明显，植物体匍匐状，多分枝，叶对生，合缘，叶基狭窄成柄状，其生命力旺盛，生长繁殖速度快，吸肥，净化水体作用明显，是池塘中最易旺发的水草之一。喜旱莲子草只要把鲜草扔进蟹塘就能成活，河蟹并不爱吃，可作为河蟹、青虾活动、蜕壳期的庇护场所，可用抄网在水花生群落下抄捕青虾。在水温达到 10℃以上时向蟹池移植，每亩用草茎 25 千克左右，用绳扎成带状，一般 20～30 厘米扎 1 束，用木桩固定在离岸 1～1.5 米处。一般视池塘的宽窄，每边移植 2～3 条水花生带，每条带间隔 50 厘米左右。

5. 安装微孔管增氧设备　可选罗茨鼓风机或空压机，风机功率一般每亩配备 0.15 千瓦。总供气管采用硬质塑料管，直径为 60 毫米，支供气管为微孔橡胶管，直径为 12 毫米。总供气管架设在池塘中间上部，高于池水最高水位 10～15 厘米，并贯穿整个池塘。在总供气管两侧间隔 8 米左右，水平铺设 1 条微孔管，微孔管一端接在总供气管上，另一端延伸到离池埂 1 米远处，并用竹桩将微孔管固定在高于池底 10～15 厘米，呈水平状分布。

6. 移植螺蛳　在清明前后，每亩投放优质活螺蛳 200～250 千克。投放时应先将螺蛳洗净，最好对螺体进行消毒处理，可用强氯精、二溴海因等杀灭螺蛳身上的细菌及原虫。每亩水面投放鲜活螺蛳 250～300 千克，均匀撒在浅水区。也可分两次投放，第一次亩投放 150 千克左右，6～8 月再补投 150～250 千克。两次投放，能防止一次投放量大，造成前期水质清瘦、青苔大量繁殖而影响河蟹的生长。

7. 注水施肥　进水时必须用 60～80 目筛绢做成的过滤网袋过滤，防止野杂鱼等敌害生物进入养殖池。前期池塘注水 50～80 厘米，每亩施经腐熟发酵后的有机肥 100～300 千克，以促进水草生长、培育浮游生物和抑制青苔生长。将肥料堆放在池塘的四角浅水处水面以下，或装入编织袋内，用绳索拴住，水质过肥时可随时取出。

二、苗种来源与放养

1. 蟹种放养　要求亲蟹品系纯正，来源于长江水系，雌性个体 100 克、雄性个体 125 克以上，用模拟天然条件土池繁殖的大眼幼体，经专池培育的优质蟹种。放养时间为 1～3 月，规格为 160～200 只/千克，每亩放养量 400～

600只，安装微孔管增氧设备的池塘可增加到每亩800只。

2. 青虾放养　青虾放养有两种方式：一是春季放养上年未达上市规格的幼虾，放养时间为2月上旬，规格为1 200尾/千克左右，放养量每亩2.5～7.5千克；也可在6月底前放养抱卵亲虾，放养量每亩1～1.5千克。二是放养当年繁殖的虾苗，放养时间为6月中旬，规格为体长1.5～2.5厘米，放养量每亩3万～5万尾。

3. 套养鱼种　一般亩放10～20尾/千克的鲢、鳙5～10尾，可与蟹种同时放养；另可在6月上旬前放养体长6厘米以上的鳜鱼种15尾左右，或体长8厘米以上的细鳞斜颌鲴鱼种200尾左右，用于控制蟹池野杂鱼及青苔。另外可根据各地的条件，套养少量黄颡鱼或塘鳢等鱼种，可控制下半年池塘自繁的第二代青虾幼体。也可放养少量异育银鲫亲鱼，用于繁殖鱼苗供鳜等肉食鱼类摄食。

4. 放养实例　具体苗种放养种类、时间、规格与放养量见表7-1。

表7-1　虾蟹鱼生态混养模式放养实例

	放养			收获	
种类	时间	规格	数量	规格	数量
河蟹	1～3月	150只/千克	500只	175克	60千克
青虾	2月上旬	2～3厘米	5千克	5～6厘米	
	6月中旬	0.7～1厘米	6万尾		30千克
鳜	6月上旬	6～9厘米	20尾	600克	10千克
鲢	3月	150克/尾	5尾	1 500克	
鳙	3月	250克/尾	15尾	2 500克	50千克
细鳞斜颌鲴	3月	10厘米	200尾	300克	50千克
合计					200千克

三、日常饲养管理

1. 饲料投喂　饲料的选择坚持“两头精、中间粗，荤素搭配”的原则。前期（3～6月）：水温10℃左右开始投喂，早期投喂小杂鱼和蛋白质含量为32%的配合饲料，力争蟹种早开食、早适应、早恢复，确保第1次蜕壳顺利；中期（6～8月）：逐渐改投蛋白质含量为28%～30%的配合饲料，并增加投喂玉米、小麦、南瓜和土豆丝等植物性饲料；后期（8月底以后）：投喂高蛋白含量为32%的配合饲料，并增加投喂海、淡水小杂鱼，促进河蟹最后1次蜕壳，以达到催肥壮膘增加体重和提高品质的目的。饲料投喂坚持“四定”。即定质：动物性饵料要求鲜活，不变质，植物性饲料营养要全面；定量：投喂量按在池虾蟹体重的5%～7%计算，并根据天气情况、蟹虾吃食情况适时调整，一般以饲料投喂3小时左右吃完为最佳投喂量；定时：前期17:00左右，高温期19:00左右，后期6:00左右投喂；定点：沿池四周离水边2～10米和池中水草空白带处撒洒投喂（图7-1）。

图7-1 投喂小杂鱼

2. 水质调控 蟹池水体透明度保持在30～50厘米，水体中的有机碎屑及悬浮物质较少，溶解氧5毫克/升以上，pH7～8，氨氮不超过0.2毫克/升，亚硝酸盐在0.02毫克/升以下。蟹池水深以水草顺利生长作为加水依据，3～5月水深控制在0.5～0.6厘米，6～8月逐步调高到0.8～1.2米，9～11月水深稳定在1米左右。养殖池应经常检查水质，勤换新水，及时捞除剩渣残饵和污物，保持池水清洁。6月底以前以加水为主，每次10～20厘米；7～8月高温期，勤添加新水，加至最高水位，每月换水2～3次，每次10厘米，凌晨换底层老水；养殖后期每月换水4～5次，每次20厘米，河蟹蜕壳期、用药期避免换水。定期内服、泼洒芽孢杆菌、EM菌、生物底改等生物制剂，以提高虾蟹肠道有益菌群优势和抗应激能力，降解硫化氢、氨氮、亚硝酸盐、重金属等有害物质，改良水质和底质环境。高温季节微孔管增氧设施每天开启时间应保持在6小时，晴好天气下，微孔管增氧设施从凌晨2：00开至日出，阴雨天可视情况适当延长增氧时间。

3. 保护水草和补充螺蛳　养殖期间，水草覆盖面占池塘面积的50%～70%，水草偏少的深水区还可补充少量固定的漂浮植物（如水花生等），必要时用茶树等多枝杈树木扎成人工虾巢放入深水区。7月初，在离池底0.5～0.6米处对蟹池中的水草进行刈割1次，割除的水草及时捞出。中期视蟹池螺蛳密度，如果螺蛳被蟹吃光，每亩再补投200～300千克（图7-2）。

图7-2　蟹池中的螺蛳

4. 病害防治　所放苗种用3%～5%的食盐水浸浴5分钟后下塘，防止病原菌的带入；4月底至5月初，在蜕壳前7天使用1次杀灭纤毛虫药物（纤虫净、甲壳净等）；5～6月使用1次杀菌剂；6～9月每月使用1次生石灰，用量为每亩5～10千克；10～11月河蟹上市前20～25天，再使用1次杀纤毛虫药物。防止水蛇、老鼠、鸟类等敌害生物进入养殖池，一旦发现需及时杀灭。

5. 日常管理　每天早晚各巡塘1次，通过巡塘，了解鱼虾蟹的摄食、活动情况，检查防逃设施、有无病害和敌害等。一旦发现有河蟹逃走的迹象，要及时堵塞堤埂漏洞，更换损坏的防逃设施和进出水口的网罩。大风暴雨天气，更要注意防逃。对天气、气温、水温、水质等要进行定期测量和记录，尤其是苗种放养、饲料投喂与施肥、鱼虾蟹捕捞与销售等情况，应及时记入塘口档案。

四、养殖产品捕捞与销售

1. 青虾捕捞 放养幼虾的蟹池，5月底可开始轮捕；放养抱卵虾和虾苗的蟹池，9月下旬开始不断轮捕销售，捕捞方法：地笼张捕和抄网抄捕。12月以后天冷时，一般采用手抄网、虾拖网或干塘起捕。小规格虾作为种苗，暂养起来用于翌年春季放养。

2. 河蟹捕捞 时间为10～12月，以地笼张捕和徒手捕捉为主，灯光诱捕、干塘捕捉为辅。捕捉的成蟹放在水质清新的大水面中设置上有盖网的防逃网箱中，暂养2小时以上。

3. 套养鱼捕捞 在用地笼张捕虾蟹时，将捕获的达到上市规格的套养鱼暂养起来集中销售，未达上市规格的及时放入池中继续饲养，年底干塘将所有套养鱼捕捉上市。

4. 包装运输 成蟹分规格、分雌雄、分袋包装，包装可采用蒲包、窗纱网袋、竹筐和塑料箱等材料，包装品及垫充物应清洁、无毒和无污染。长途运输，宜用冷藏运输车或其他有降温装置的运输设备。大量捕获的青虾要用网箱暂养后再进行销售，运输青虾可采用低温（用塑料袋加入碎冰块再放入泡沫塑料箱中）或活水车（将青虾装入虾筛中）充氧运输。

五、注意事项与关键点

1. 重视水草管理 俗话说：蟹大小，看水草。水草对河蟹养殖有很多好处，不仅能为河蟹生长提供足够的天然饲料，改善蟹池水质，还为河蟹逃避敌害和蜕壳提供良好的隐蔽环境。在蟹池中栽培的水草品种有伊乐藻、苦草、轮叶黑藻、金鱼藻等，还可移植水花生、浮萍等，各种水草的特性和优势不一致，可以利用它们的不同优势具体选用，采用复合型水草种植方式进行水草种植。过多的水草应适时清除，特别是伊乐藻，生长旺盛，易封盖水面，尤其是后期要定期清理通道。

2. 重视青虾轮捕 青虾生长很快，轮捕是提高混养产量的关键措施。捕虾工具主要是虾笼，一般用网目为1.8厘米的“大9号”有节网制作，最好适当增加笼梢的长度（即环数），并且放置时尽量使笼梢张开，扩大笼梢空间，方便小虾更充分地离开笼梢。同时，注意把在笼梢倒虾口张开吊离水面约20

厘米，这样河蟹进笼后可自行爬出，虾便留在笼梢中。捕捞时避开虾、蟹蜕壳高峰期，捕捞规格根据当地成虾的上市规格自行控制。

3. 重视青虾种质　近几年，江苏大多养殖区推广蟹池套养“太湖 1 号”青虾，取得了较理想的效果。“太湖 1 号”青虾，是中国水产科学研究院淡水渔业研究中心 2009 年通过全国水产原良种审定委员会审定的第一个淡水虾类新品种。其优势为：①生长速度快，在池塘人工养殖条件下，20～30 天就开始有部分个体达到上市规格，生长速度比普通青虾提高 30%以上；②个体大、产量高，在同等条件下，大规格虾产量明显高于普通青虾；③体型、体色、光泽和耐力好，“太湖 1 号”青虾的规格大、身体壮实，体色、光泽好，耐运输，在市场上销售时存活时间长；④增效明显；⑤抗病力强，“太湖 1 号”青虾第一代生长速度快，个体大、产量高，增产增效显著，第二代虾生产性能有所衰退，约为第一代 70%的优势，第三代与普通青虾相比已没有优势。所以“太湖 1 号”青虾引种后，最多养二代（两年）。

4. 防止青苔暴发　早春虾蟹池水质太瘦，容易引起青苔暴发，如果使用杀青苔的化学药品，对虾蟹尤其是青虾的蜕壳生长影响极大。因此，对早春出现青苔的塘口应用生物控制方法，尽量避免使用化学药品而影响青虾的免疫功能。

5. 谨慎使用药物　坚持“生态养殖、预防为主、防治结合”的原则，提高虾蟹抗病能力，减少病害发生。使用渔药时要有选择，并精确计算用药量，尤其是高温季节，更要谨慎，通常用低剂量或不用药。养殖全过程所使用的药物，都必须符合 NY 5071 标准。

六、养殖实例一

江苏省盐城市盐都区中兴社区陈祁村渔业科技示范户王传慧，80 亩池塘采用鱼虾蟹生态混养模式。亩放 160 只/千克蟹种 650 只，抱卵亲虾 1.5 千克，体长 6 厘米的鳜 18 尾，尾重 150 克的鲢、鳙鱼种 15 尾。亩收获成蟹 66.5 千克，平均规格 150 克/只（雌蟹 125 克、雄蟹 200 克以上），单价 96 元/千克；收获青虾 25.5 千克，单价 70 元/千克；收获鳜 10.2 千克，单价 70 元/千克；收获鲢、鳙 18 千克，单价 7 元/千克；亩产值 9 009 元。亩成本 3 585.23 元（包括：塘租费 1 000 元，苗种费 372.63 元，饲料费 805 元，种草投螺 352.6 元，水电费 175 元，药物 100 元，人员工资 500 元，其他 280 元）。亩纯利润

5 423.77元。

七、养殖实例二

江苏省金湖县前锋镇合意村林尔发运用此模式，在前锋镇郭家荡养殖区承包面积 180 亩，亩放规格 110 只/千克的蟹种 500 只，计 9 万只、90 000 元；亩放抱卵青虾 1 千克，计 180 千克、14 400 元；亩放规格 5 厘米的鳜 25 尾，计 4 500 尾、6 300 元；亩放规格 4 尾/千克的鲢鱼种 26 尾，计 4 680 尾、5 000元。共投放鲜活螺蛳 6 万千克、85 200 元，颗粒饲料 10.5 吨、59 430 元，冰鲜海水鱼 4 万千克、76 000 元，玉米 0.75 万千克、17 250 元。渔药 20 000元，人员工资 40 000 元，池塘租金 36 000 元，其他费用 10 600 元。总成本 460 180 元。收获河蟹 14 000 千克（雌蟹 125 克、雄蟹 175 克以上）、单价 76 元/千克，产值 1 064 000 元；青虾 5 400 千克、产值 170 000 元；鳜 3 500千克、单价 46 元/千克，产值 161 000 元；其他鱼类 40 000 元。总收入 14 350 000 元。纯收入 974 820 元，亩均 5415.7 元。

第四节　蟹池套养其他品种混养模式

蟹池是一个复杂的生态系统，水面以上有阳光、空气；塘基上有陆生植物；水中有鱼、虾、蟹，各种水生植物、昆虫、蚤类、藻类、细菌、病毒以及有机物和无机盐，池底有淤泥，同样也存在着上述生物及有机物和无机盐。它们之间存在着相养、相帮、相生、相克等极其复杂的关系。科技工作者和广大蟹农经过多年的不断探索和积累，形成了比较完整且成熟的一些典型养蟹模式，也取得了一定的经济、生态和社会效益。但随着全国各地河蟹养殖业的迅猛发展，河蟹市场变幻莫测，往往出现供过于求、价格低迷等情况，影响养殖者的养蟹效益。为了探索新的养殖方式，寻找提高养殖效益的空间，必须对传统的养殖模式、混养品种、管理经验进行改装、重组和创新，除单纯养蟹外，寻找其他能与河蟹混养的品种，利用不同种群的生态位进行合理搭配，建立新的复合群体，从而达到使系统各组成部分之间的结构与机能更加协调，系统的能量流动、物质循环更趋合理，系统生产力和综合效益明显提高的目的，促进河蟹养殖业的持续、健康、稳定发展，避免“蟹贱伤蟹”、大起大落事件的发生。

一、套混养的原则

在确定蟹池套养其他品种混养模式时，必须遵循和运用生态学的三大准则。①要遵循和运用生物学准则，在选择套养品种时，要考虑是否存在着与河蟹食性相近或相同的品种。如草食性的草鱼、团头鲂以水草为饵，而水草是河蟹栖息隐蔽的场所，也是河蟹食谱中不可缺少的植物性饵料；又如，鲤和青鱼都摄食螺蛳等底栖生物，与河蟹的饵料竞争十分激烈，如果蟹池中套养了鲤和青鱼，对河蟹生长极为不利，不仅对食物的竞争程度加大，还会出现蚕食软壳蟹的现象，所以根据食物链关系，蟹池中绝对不可以套养草鱼、团头鲂（后期为控制蟹池水草，适当套养一些小规格鱼种另当别说）和鲤、青鱼。②要遵循和运用生态学准则，根据河蟹对环境的要求，考虑河蟹的放养数量，套养的其他品种和数量，既能充分利用水体的生物循环，又能保持生态系统的动态平衡，不仅有利于共存，而且能够互相促进生长发育，如始终保持溶氧充足，饵料生物丰富，能发挥各养殖品种快速生长的优势。如套养滤食性鱼类（鲢、鳙等），腐屑食物链鱼类（细鳞斜颌鲴），可防止水质过肥或清除池中青苔和有机碎屑，但由于蟹池水草多，池水较清瘦，故混养数量不宜多。③要遵循和运用经济学准则，在同一个养殖水体中，与河蟹食性相同或相似的养殖种类，在养成后其经济价值的高低（与河蟹相比较）等。如套养小龙虾、青虾或小型肉食性的鳜、黄颡鱼、塘鳢等鱼类是比较成功的案例；又如，鳖经济价格很高，但鳖十分凶猛，河蟹蜕壳后的软壳蟹正好是鳖的最佳饵料，鳖是养蟹池的敌害生物，所以不能混养。

二、主要套养品种及其生物特性

1. 虾类

（1）青虾　学名日本沼虾，又名河虾等，是我国和日本特有的淡水虾类。青虾在我国分布很广，广泛生活在淡水湖泊、河流、池塘和水库等水域中，尤其喜生活在水质清新、水草丛生的缓流区。青虾的食性很广，属杂食性水生动物。养蟹池套青虾与主养对象没有矛盾，其苗种容易获得，繁殖力强，自繁的幼虾是河蟹的活饵料。但青虾性成熟过早，在生长季节，长江流域的青虾 1 个半月左右即性成然，生长转慢，商品规格小。另外，青虾在蟹池中活动范围小，极易近亲繁殖，所以蟹池套养的青虾苗种必须有专门的制种供应。

（2）小龙虾　学名克氏原螯虾，又称海虾等。小龙虾适应性广，繁殖力强，无论江河、湖泊、池塘及水田都能生活。小龙虾食性很杂，动、植物性食物都吃。小龙虾生长速度较快，春季繁殖的虾苗，一般经2～3个月的饲养，就可达到规格为8厘米以上的商品虾。小龙虾也是通过蜕壳实现生长的，幼虾一般3～5天蜕壳1次，以后逐步延长蜕壳间隔时间到30天左右。如果水温高、食物充足，则蜕壳时间间隔短。小龙虾与河蟹是食性与习性相近的品种，但上市销售时间不同，套混养放养比例主要依据市场价格。

（3）南美白对虾　南美白对虾原产地在太平洋西海岸至墨西哥湾中部，属热带虾种，最适生长温度为22～32℃。18℃以下，摄食明显下降；15℃以下停止摄食；9℃以下出现死亡。南美白对虾是杂食性偏动物性，对饵料的营养要求低，饵料粗蛋白含量25%～30%就可满足要求。南美白对虾幼体阶段30～40小时蜕壳1次；1～5克虾4～6天蜕壳1次；中、大虾一般15～20天蜕壳1次。

（4）罗氏沼虾　罗氏沼虾又称马来西亚大虾，其活动的强弱与外界水温的变化有直接关系。当水温下降到18℃时活动减弱，16～17℃时反应迟钝，14℃以下持续一定时间就会死亡。罗氏沼虾属杂食性动物，在人工养殖条件下，其食物组成主要是人工投喂的商品饲料。

2. 肉食性鱼类

（1）鳜　俗称桂鱼、季花鱼等，广泛分布在江河、湖泊、水库中。鳜喜欢栖息于清洁、透明度较好和有微流水的环境中。鳜为典型的肉食性鱼类，终生摄食活饵料。鳜人工早繁苗，则当年即可养到500克以上的商品鱼。蟹池套养鳜，要求鱼种规格达到6厘米以上，最好是7～10厘米。在6月上旬前套入蟹池，一般亩放10～20尾；如能补充投放鲜活小杂鱼或家鱼苗种等适口饵料，放养量可增加至每亩30尾以上。

（2）黄颡鱼　俗称盎斯鱼、黄刺鱼等，广泛分布于长江、黄河、珠江及黑龙江各水域。黄颡鱼营底栖生活，白天栖息于底层，夜间则游到水上层觅食。黄颡鱼食性是肉食性为主的杂食性鱼类，食物包括小鱼、小虾、各种陆生和水生昆虫、小型软体动物和其他水生无脊椎动物。黄颡鱼生长速度较慢，常见个体重200～300克。蟹池套养黄颡鱼一般在2～3月投放苗种，亩放8厘米左右的鱼种250～300尾，粗养蟹池也可套放黄颡鱼亲本，让其自然繁殖鱼苗。

（3）塘鳢　俗称虎头鲨、蒲鱼等，我国南北方均有分布，长江中下游及其附属水域中较常见。塘鳢为小型肉食性鱼类，喜食小鱼、小虾，人工饲养投喂轧碎的螺蛳、蚌肉也喜食，也食水生昆虫。2 厘米左右的塘鳢鱼苗当年可长到 20 克以上，翌年可长到 50～100 克。蟹池套养塘鳢，最好选择规格 3～5 厘米的大规格鱼种，亩放养量 200 尾左右。可在蟹池水草保护区，每亩投放体型匀称、体质健壮、鳞片完整、无病无伤的塘鳢亲本 10 组（雌雄比为 1∶3），雄性亲本规格在尾重 70 克、雌性 50 克以上，繁殖季节在水草中放入人工鱼巢，让其自然繁殖鱼苗养成商品鱼。

（4）翘嘴红鲌　俗称白条、太湖白鱼等，分布在长江水系及附属湖泊水库等大水体中。翘嘴红鲌主要以鱼类为食，稚鱼主要以藻类、水生昆虫等为食，随着个体的长大，以中上层小型鱼类为主要饵料，如麦穗鱼、梅鲚、鲻、罗汉鱼等鱼类。翘嘴红鲌生长迅速，体型较大，最大可长至 10～15 千克，常见个体为 0.5～1.5 千克。10 厘米左右的鱼种，当年能长成 0.5 千克以上的商品鱼。蟹池套养翘嘴红鲌，要求鱼种规格达到 10 厘米以上，可在蟹种放养后即套入蟹池，亩放养量控制在 30 尾左右。如能补充投喂鱼块或冰鲜小杂鱼，放养量可适当增加。

（5）黄鳝　又名鳝鱼、长鱼等，广泛分布于亚洲东部及南部。黄鳝为穴居性鱼类，对环境的适应力较强，多栖于静水湖泊、河沟、稻田和池塘的浅水区。黄鳝是一种以动物性食物为主的杂食性鱼类，喜食活饵，性贪食，耐饥。黄鳝的生长与栖息水域的饵料、温度有密切关系，水温 10℃以上开始觅食，18～30℃为适宜摄食温度。黄鳝雌雄异体，但有奇特的性逆转现象。在蟹池中套养黄鳝，适宜网箱养殖。

3. 其他鱼类

（1）细鳞斜颌鲴　俗称鲴鱼、黄尾刁子等，是广泛分布于江河、水库、湖泊中的中下层经济鱼类。细鳞斜颌鲴的幼鱼主要摄食轮虫等浮游动物，此后逐步转变为以摄食浮游植物（蓝、绿藻占 90%）和腐殖质为主，成鱼阶段以水底着生藻类和植物碎屑为主要食物。细鳞斜颌鲴在自然水域中，当年鱼苗可长到 150～200 克，翌年就能长到 0.5 千克左右。蟹池套养细鳞斜颌鲴，可控制青苔（丝状藻类）和蓝、绿藻暴发，一般每亩放养 10～15 厘米的鱼种 100～200 尾。

（2）鲻　俗称乌头鲻、青鲻等，主要分布在沿海水域，通过淡化处理可适应纯淡水生长，是一种广盐性洄游性鱼类。鲻为杂食性鱼类，以底栖硅藻和有机碎屑为主，也兼食一些小型水生动物。一般情况下，鲻当年可以长到 250

克，2年可长达500克，3年可达1 000克以上。蟹池套养，每亩放养3～5厘米的鱼苗100～200尾，当年可长到400～500克。

（3）泥鳅　俗称鳅鱼，在我国的分布很广。泥鳅属典型杂食性鱼类，幼鱼时以水生昆虫、小型甲壳类、水蚯蚓等动物性饵料为食；成鱼时喜食植物性食物，如水生植物种子、嫩芽，藻类以及淤泥中的腐殖质等。泥鳅适宜生长在光线较差的淤泥中，泥鳅最适生长温度是22～28℃，水温在6℃以下或34℃以上时，就潜入泥中停止活动。泥鳅具有肠呼吸功能，能在溶氧0.16毫克/升的水中生活。

（4）匙吻鲟　也称匙吻猫鱼，是北美洲的一种名贵大型淡水经济鱼类。匙吻鲟是广温性鱼类，它不怕低温，即使水面结冰，只要水中有充足溶解氧，也能在冰下水中生活。匙吻鲟也能耐高温，能在32℃的水中生存。匙吻鲟食性类似鳙，主要食料是水中浮游动物，它也能摄食丝蚯蚓和人工配合饲料。匙吻鲟生长速度比一般的淡水鱼快，当年可长至0.5千克以上，2龄鱼超过1.5千克，3龄鱼超过2.5千克。

（5）异育银鲫　异育银鲫是以方正银鲫为母本、兴国红鲤为父本，应用“异精雌核发育效应”而获得的子代。异育银鲫食性广，能摄食蟹池中硅藻、枝角类、底栖动物、植物茎叶和种子及有机碎屑等，在蟹池中套养可自然繁殖。

（6）鲢、鳙　鲢，又名白鲢，属于典型的滤食性鱼类，终生以浮游生物为食，在鱼苗阶段主要吃浮游动物，长至1.5厘米以上时逐渐转为吃浮游植物；鳙又名花鲢，食物以浮游动物为主。鲢、鳙都具有生长快、疾病少、在蟹池中套养不需要专门投喂饲料的优点。

三、蟹池套养其他品种操作技术

1. 养殖条件

（1）地点选择　养殖池要求靠近水源，进排水方便，水源充沛，水质清新无污染，符合国家渔业用水标准，邻近区域无污染源。并要求交通便利，电力供应有保障。

（2）池塘改造　养殖的池塘是以滩面为主，池水比较浅。池内要有养蟹沟，滩面要有隐蔽物，面积在20～30亩为宜，池深1.5米左右，坡比1∶3，池底保持有淤泥5厘米。

（3）排灌设施　蟹池的排灌设施要求完善，灌得进、排得出，池水若不能排干，对养殖水产品的捕捞和晒塘均会带来不便。进排水口应用筛绢扎紧，并设弧形防逃网加以防护。

（4）防逃设施　防逃材料要求表面光滑，使河蟹难以攀爬，且坚固耐用，耐老化，来源广，构筑简单，修补方便，通常使用钙塑板或防逃网做成防逃设施。

（5）安装微孔增氧设施　微孔增氧设施主要有主机（电动机、罗茨鼓风机）、储气缓冲装置、主管（PVC 塑料管）、支管（PVC 塑料或橡胶软管）、曝气管（微孔纳米曝气管）等组成。罗茨鼓风机连接主管，主管接支管，支管接曝气管。一般采用条式安装法，每亩蟹池配备功率 0.1 千瓦的鼓风机，曝气管总长度在 60 米左右，管间距 10 米左右，高低相差不超过 10 厘米，固定于离池底 10～15 厘米处（图 7-3）。

图 7-3　蟹池微管增氧

2. 放养前准备

（1）清塘消毒　冬季抽干池水，冻晒 1 个月，清除过多淤泥。池塘清整工作结束后，注水 10～20 厘米，每亩用生石灰 150～200 千克或茶粕素 2 千克（用浓度 2.5%的食盐水 40 千克，浸泡 2 小时）全池泼洒，翌日耕耙底泥。

（2）种植水草　在清塘消毒 7 天后，每亩施生物有机肥 50～100 千克，培肥水质。采用复合型水草种植方式进行水草种植。全池以伊乐藻为主，采取切茎分段栽插。在伊乐藻中间搭配种植轮叶黑藻、苦草等其他沉水性植物，全池水草覆盖率保持在 50%左右。

（3）设置暂养区　在池中用网围成圆形或长方形河蟹暂养区，网上贴有防逃膜，面积约占池水面的20%，用于暂养蟹种。

（4）投放螺蛳　在清明前后，每亩投放优质活螺蛳200～250千克。在7～8月，每亩补放螺蛳150～200千克。

3. 苗种放养　合理安排不同生态位的品种，进行科学套养、混养，是实现蟹池生态高效养殖的有效途径。

（1）蟹种放养　合理放养本地自育蟹种，是实现河蟹质量、产量同步上升的前提和保证。蟹种要求体质好、肢体健全、无病害的本地自育长江水系优质蟹种，规格为每千克100～200只，投放量为每亩200～600只。先放入蟹种暂养区强化培育，5月以后再全池散放。

（2）套养模式选择　蟹池套养其他品种方式多种多样，有许多种组合，如"河蟹＋青虾＋鳜（或黄颡鱼、翘嘴红鲌、塘鳢）"、"河蟹＋青虾＋泥鳅（或网箱养黄鳝）"等；也有以河蟹为主或以河蟹为辅的混养方式，如以蟹为主混养小龙虾（或南美白对虾、罗氏沼虾）、以鱼（成鱼或鱼种）为主混养河蟹、以小龙虾（或南美白对虾、罗氏沼虾）为主混养河蟹等；还有河蟹与套混养品种平分秋色的养殖方式。各种混养方式都可套养少量鲢、鳙和细鳞斜颌鲴，也可以匙吻鲟替代鳙，因匙吻鲟的市场价高于鳙的数倍；还可套放少量异育银鲫亲本，可产卵繁殖，为套养鳜等肉食性鱼类提供充足、适口的饵料鱼。总之，要根据市场行情、苗种来源、养殖技术水平和自身的实际等因素，综合选择套配养品种和方法。

（3）套养品种的放养　具体放养品种、时间、规格种数量可参考表7-2。

表7-2　套（混）品种放养与收获参考

单位：亩

种类	放养			收获		备注
	时间	规格	数量	规格	重量	
青虾	2月	2～3厘米/尾	5千克	5～6厘米/尾	30千克	
	6月	0.7～1厘米/尾	6万尾			
小龙虾	9月	30尾/千克亲本	10～15千克	20～40尾/千克	150千克	♀∶♂＝1.5∶1
	3月	200～400尾/千克	15～20千克			
南美白对虾	6月	1.0～1.2厘米/尾	2万～3万尾	15克/尾	150千克	
罗氏沼虾	6月	1.0～1.2厘米/尾	2万～4万尾	20克/尾	200千克	
鳜	6月	3～9厘米/尾夏花	15～20尾	550克/尾	10千克	

（续）

放养				收获		备注
种类	时间	规格	数量	规格	重量	
黄颡鱼	3月	8～12厘米/尾	300尾	100克/尾	25千克	网箱养殖
塘鳢	5月	3厘米/尾夏花	300尾	50克/尾	15千克	
翘嘴红鲌	3月	10～13厘米	80～100尾	500克/尾	50千克	
黄鳝	3月	100克/尾	1千克/米^2	250克/尾		
细鳞斜颌鲴	3月	12厘米/尾	200尾	300克/尾	50千克	
鲻	3月	3～5厘米/尾	100～200尾	400～500克/尾		
泥鳅	4月	3～5厘米/尾	600尾	25～50克/尾	25千克	
匙吻鲟	3月	18厘米/尾	20～30尾	750克/尾	20千克	
异育银鲫	3月	12厘米/尾	100尾	300克/尾	30千克	
鲢	3月	150克/尾	5～10尾	2500克/尾	30千克	
鳙	3月	250克/尾	15～20尾	1500克/尾		

（4）蟹池套养黄鳝

①鳝箱制作：在蟹池内配置敞开式网箱养殖黄鳝，网箱用聚乙烯无结节的网片缝制而成，箱长4米、宽2.5米、高1.2米，网目大小以便于水体交换、野杂鱼容易进入、鳝种钻不出网为原则。网箱上下缘四周用尼龙绳作网纲，箱底距池底20～30厘米，四周吊上砖石作沉子，以防水流或大风移动网箱，用树棍或竹篙打桩将网箱固定在池中，桩要求粗而牢，入泥深而稳固，高出水面80厘米，网箱上口四角绳头分别系在桩上，并拉紧张开网箱。同时，要求网箱上缘高出水面50厘米，以防黄鳝逃逸。网箱沿池岸两边成一字形排列，箱间距为2～3米，用作人行通道，以便于投喂管理和水体交换。食台设在网箱中心，固定在箱内水面下20厘米处，食台为高10厘米、长50厘米、宽40厘米的方形框。框底和四周用筛绢布围牢，每个网箱设食台2～3个。网箱内应投水花生，覆盖率占网箱面积的70%，投放水花生的目的是为了防暑降温，为黄鳝的栖息、生长提供良好的生态环境。水花生在投放前应洗净，并用5%食盐水浸泡10分钟，以防将蚂蟥等有害生物或虫卵带入网箱。网箱在鳝种入鳝前10～15天安装下水，让箱体有害物质散发消失，使其表面附着藻类，网衣变得柔软光滑。以防鳝种入箱后，因环境的改变而擦伤体表，提高鳝种入箱成活率。

②鳝种放养：目前放养的鳝种仍然以天然的野生苗为主，通常是以笼捕或网捕的，要求同一网箱中放养的规格应一致。以避免因摄食能力不同而导致生长的差异而相互残杀，一般放养规格为50克/尾左右，放养密度为每平方米1千克左右，放养时间宜早不宜迟。一般在3～5月，鳝种投放前应用3%～4%的食盐水浸浴消毒10分钟，在浸浴消毒过程中，再次剔除受伤、体质衰弱的鳝种，并进行大小分级。另外，每口网箱内放养0.3千克的泥鳅，让其摄食箱中剩饵。

③饵料投喂：鳝种入箱前3天不投喂，从第4天开始投喂用过滤过的鱼浆水浸泡的鳝鱼专用配合饲料。根据吃食强度，逐步减少鱼浆直至完全不用。通常，5～7天内诱导鳝鱼正常摄食配合饲料。鳝鱼正常摄食配合饲料时，饲料一般需投在食台上，让其集中摄食，开始每天投喂1次，17:00～18:00投喂。10天后改为每天投喂2次，6:00和19:00各投喂1次。日投饲量为鳝鱼体重的2%～4%，具体投喂量应根据天气、水温、水质、鳝鱼的活动情况灵活掌握，通常以投喂2小时吃完为宜。

④日常管理：鳝种放养初期，如果水花生生长缓慢，可适当施用肥水宝，促进其快速生长；养殖过程中，当箱内水草过密时，要及时捞出多余部分，为鳝鱼提供良好的生活环境。平时根据鳝鱼吃食情况，判断是否破箱。遇到阴雨天要注意蟹池水位变化，防止池水上涨或水花生生长过旺，长出箱外发生逃鳝现象。

4. 饲养管理

(1) 饵料投喂　由于池塘养殖品种较多，池塘生物载量较大，因此，针对不同的养殖品种，进行科学合理的饵料投喂是关键。具体要求做到“统筹兼顾、各有侧重”。

套养幼虾的蟹池，当水温上升到10℃时，全池施用100～150千克/亩的有机肥，培育浮游生物和底栖生物，为青虾提供天然活性饵料。同时，坚持投喂青虾专用配合饲料，投饲量以存塘虾体重的5%计算。

3～4月在蟹种暂养期间，池塘水温比较低，蟹种经过了越冬期，体质比较虚弱，新陈代谢较慢，摄食量少。所以，此时要对河蟹投喂营养丰富的精饲料补充能量，尽快恢复体质。为促进第1次顺利蜕壳，每天投喂切碎的新鲜小杂鱼等动物性饵料，每亩投喂量为1千克。在小杂鱼等动物性饵料不足的情况下，适当补充河蟹颗粒饲料。

生长季节，5月拆除蟹种暂养区，进行全池散养。如果放养了异育银鲫，为防止异育银鲫与河蟹争食，在投喂河蟹饵料前，先投喂异育银鲫饲料，2小时后，再投喂河蟹饲料，以保证河蟹正常摄食。河蟹以颗粒饵料为主，按照“前后精、中间青、荤素搭配、青精配合”的投饵原则和“四定、四看”的科学投喂方法，进行人工投喂管理。6月中旬，动植物性饵料比为60∶40；6月下旬至8月中旬，动植物性饵料比为45∶55；8月下旬至10月中旬，动植物性饵料比为65∶35。日投喂量：5月之前为蟹体的1%左右；5～7月为5%～8%；8～10月为10%以上。并根据天气、水色晴天多喂，阴雨天少投。

套放翘嘴红鲌、黄颡鱼、塘鳢的蟹池，为补充野杂鱼类不足部分，确保套养品种的正常生长，应补充投喂专用膨化饲料。刚开始投喂时要进行驯食，采用鱼糜和膨化饲料定点投喂，少量多次，以后逐渐减少鱼糜用量，直到全部使用膨化饲料。日投饵量以投喂2小时内吃完为宜，与河蟹颗粒饲料同时投喂。

套养南美白对虾、罗氏沼虾、小龙虾的蟹池，应根据放养数量，同时要补充投喂虾饲料，以满足其生长需求。

套养鳜的蟹池，如果放养了异育银鲫，再加上其他小型野杂鱼类产卵繁殖，基本能满足鳜的生长需求。如饵料不足，则需补充异育银鲫或鲢、鳙夏花，提供给鳜摄食。

（2）水质、水位调节　在水质调节方面，要使水质达到“鲜、活、嫩、爽”。具体达到溶氧保持在5毫克/升以上，透明度40厘米以上，pH7.5左右，氨氮0.1毫克/以下。应坚持5～7天注水1次，高温季节每天注水10～20厘米。特别是在河蟹每次蜕壳期，要勤注水，以促进河蟹正常蜕壳生长。在全池水质较好的情况下，利用水草、螺蛳等生物的自净功能，实行零排放。

根据水体溶氧变化规律，确定开机增氧的时间和时段。一般4～5月阴雨天半夜开机，6～10月下午开机2～3小时，日出前1小时再开机2～3小时，连续阴雨或低压天气晚上9～10时开机到第二天中午。养殖后期勤开机，促进水产养殖对象生长，有条件的可进行池塘溶氧检测，适时开机，以保证水体溶氧在6～8毫克/升。

在水位调节方面，按照“前浅、中深、后稳”的原则，分三个阶段进行水位调节。3～5月水深掌握在0.5～0.6米，6～8月控制在1.2～1.5米，9～11月稳定在1～1.2米。河蟹生长水温为15～32℃，最适生长水温为25～28℃。前期气温和水温较低，采取浅水位有利于养殖水体水温的迅速提高，使河蟹、青虾尽快进入正常摄食状态并蜕壳生长；中期高温季节，加深水位有利于降低水温，让河蟹正常摄食和蜕壳；后期稳定在一个适中的水位，有利于保持正常水温，让河蟹有一个稳定在适中的水位，有利于保持正常水温，有利于增重育肥、顺利生长的水体环境。

（3）日常管理　每天早晚各巡塘1次，观察水质状况、虾蟹的吃食与活动情况、防逃设施是否完好等，发现问题及时解决。对天气、气温、水温、水质要进行测量和记录，尤其是苗种放养、饲料投喂与施肥、虾蟹捕捞与销售等情况应及时录入塘口档案。

（4）病害防治　遵循"预防为主、防治结合"的原则，坚持生态调节与科学用药相结合，积极采取清塘消毒，种植水草，自育蟹种，科学投饵，调节水质等综合技术措施，预防和控制疾病的发生。注重微生态制剂的应用，采用"上下结合"的方法，每7～10天用1次微生物制剂全池泼洒，改善水质，用生物底质饲料投喂，提高河蟹的免疫力。由于生物菌耗氧，所以泼洒生物菌时应开启增氧机，防止池塘缺氧，提早做好药物预防。全年着重抓住"防、控、保"三个阶段，4月底至5月初，采用药物杀纤毛虫1次，相隔1～2天后，使用溴氯海因或碘制剂进行水体消毒，并用1%中草药制成颗粒药饵，连续投喂5～7天。做好预防工作，防止病害发生，梅雨结束高温来临之前，补杀纤毛虫，并进行水体消毒和内服药饵，控制高温期病害发生。9月中旬结合水体消毒和内服药饵，再杀1次纤毛虫，同时，加强投喂，增强河蟹体质和抗病能力，确保河蟹顺利渡过最后增重育肥期。

5. 养殖产品捕捞

（1）河蟹捕捞　时间为10～12月，以地笼张捕和徒手捕捉为主，灯光诱捕、干塘捕捉为辅。捕捉的成蟹放在水质清新的大水面或蟹池中设置上有盖网的防逃网箱中，暂养2小时以上（图7-4）。

图7-4　成蟹暂养

（2）虾类捕捞　套养青虾幼虾的蟹池，5 月底即可开始轮捕；放养抱卵虾和虾苗的蟹池，9 月下旬开始不断轮捕销售。12 月以后天冷时，一般采用手抄网、虾拖网或干塘起捕。小规格虾作为种苗，暂养起来用于翌年春季放养。套养南美白对虾、罗氏沼虾、小龙虾的蟹池，根据其生长规格适时采取地笼张捕，或冲水网捕，南美白对虾和罗氏沼虾必须在第 1 次寒潮来临之前捕尽。

（3）套养鱼捕捞　在用地笼张捕虾蟹时，将捕获的达到上市规格的套养鱼暂养起来集中销售，未达上市规格的及时放入池中继续饲养，年底干塘将所有套养鱼捕捉上市。

四、养殖实例

江苏省盐城市盐都区渔业科技示范户董兵，41.5 亩水面采用蟹池混养泥鳅模式。2013 年 3 月放养蟹种 2.05 万只，同期放养鲢鱼种 800 尾，鳙鱼种 1 200尾，4 月中旬放养抱卵青虾 20 千克，放养上年留塘囤养的泥鳅种 800 千克，5 月 20 日放养 7 厘米左右的鳜鱼种 600 尾。共收获成蟹 2 490 千克，产值 199 200 元；泥鳅 1 820 千克，产值 82 000 元；青虾 367 千克，产值 16 000 元；鲢、鳙 2 400 千克，产值 6 200 元，鳜 324 千克，产值 24 000 元，合计总产值 32.74 万元。总成本 12.835 万元，其中：塘租费 12 450 元，苗种费 32 050元（蟹种 10 250 元、泥鳅种 19 200 元，青虾种 800 元、其他鱼种 1 800 元），饲料费 39 050 元（配合饲料 4 吨、23 200 元，小杂鱼 3 吨、6 000 元，螺蛳 10 吨、6 850 元，其他饲料 3 000 元），栽种水草 4 800 元，水电费 3 500 元，药物 5 500 元，工资 28 000 元，其他 3 000 元。纯效益 19.905 万元，亩均 4 796.39 元。投入产出比 1：2.55。

第八章 池塘规模化循环水河蟹养殖新模式

吴中区是中国太湖蟹之乡，近年来，在推动太湖蟹产业持续发展和技术转型升级方面进行了不懈的努力和探索，通过多项技术集成，形成了一套池塘规模化循环水生态养蟹技术，实现蟹种培育亩均产量 230 千克，大规格蟹种比例（140 只/千克以上）达 87%，亩均效益 9 000 元；成蟹养殖亩均产量 110 千克，规格蟹比例（雌 3 两/只、雄 4 两/只）70%，亩均效益 4 500 元，且养殖用水达到一级排放标准。

一、水源和水质

要求水质清新，无污染，水体透明度 35～40 厘米。

二、进水渠道

进水渠道采用格宾石笼结构，种植一定量的水草，通过明渠与养殖池塘相连，配合水泵进行动力加水。有条件的可以建立一个前置进水沉淀池，池深 2 米，对水源进行初级处理，同时配备 1 个泵房。

三、池塘条件

1. 面积 蟹种培育池 4～6 亩，成蟹养殖池单个池塘 30 亩左右。东西向，池深 2.0 米，塘埂宽度 2.5～3.0 米，坡度 1∶（2～3）。池底挖 0.4 米深的回形沟，占池底面积的 30%。同时，在池中建立 1 块蟹种暂养区，面积占 30%。循环水生态养殖与修复，一般要求池塘连片规模达到 200 亩以上。

2. 原位修复

（1）清淤　采取机械清淤的方法，对池底的淤泥进行清理，保留20厘米左右厚度淤泥层。同时，采取多次“进排水”法，即池塘经充分曝晒1个月左右后，进水20厘米左右，3天后排出，经曝晒后再次进水；如此反复几次。一方面可增加池底的氧化还原电位；另一方面带走部分氮、磷等富营养因子，减少后期生态修复的压力。

（2）清塘　每亩用生石灰100～150千克，化水后全池泼洒，杀灭有害生物，有效补充水体的钙含量。

3. 种草

（1）蟹种培育　池中央以种植水花生为主，池塘四周深沟处种植伊乐藻为主，种植面积占池塘面积的60%，种植时间为3月。

（2）成蟹养殖　以伊乐藻为主，东西为行、南北为间，行间距1米左右，适量搭配苦草、轮叶黑藻等，其比例为：伊乐藻：苦草：轮叶黑藻＝70%：15%：15%，移植面积占池塘面积的70%左右。轮叶黑藻、伊乐藻以无性繁殖为主，以采取切茎分段扦插的方法；苦草是典型的沉水植物，其种子细小，插种前先用水浸泡10～15小时，搓出草籽，与泥土拌匀，泼洒即可。种植时间：轮叶黑藻、苦草在3月；伊乐藻在清塘后或早春。水草种植前，每亩施用2～3千克复合肥作为基肥，让其快速生长。

4. 投螺　成蟹养殖采取二次投螺的方式。一次在清明前后，每亩投放300千克左右活螺蛳；另外一次在7、8月，每亩投放200千克左右。

5. 水深　池塘需要一定的水深和蓄水量，池水较深，容水量较大，水温不易改变，水质比较稳定，不易受干旱的影响，对河蟹生长有利。但池水过深，对河蟹和水草的生长是不适宜的。一般常年保水0.5～1.8米。

6. 微孔管道增氧　每亩微孔管增氧机功率配套0.18～0.20千瓦，微孔管采用纳米管材料。微孔管设置45～48米。总供气管道采用硬质塑料管，直径为60毫米；支供气管为微孔橡胶管，直径为12毫米。总供气管架设在池塘中间上部，高于池水最高水位10～15厘米，并贯穿整个池塘，呈南北向。在总供气管两侧间隔8米，水平铺设1条微孔管，微孔管一端接在总供气管上，另一端延伸到离池埂1米远处，并用竹桩将微孔管固定在高于池底10～15厘米处，呈水平状分布。

7. 防逃设施　材料一般用铝皮、加厚薄膜和钙塑板等，埋入土中20～30厘米，高出埂面50厘米，每隔50厘米用木桩或竹竿支撑。池塘的四角应成圆角，防逃设施内留出1～2米的堤埂，池塘外围用皮条网片包围，高1米，以利于防逃和便于检查。

四、排水渠道

建立独立的排水渠道，实现进、排分离。排水渠道与尾水处理区相连。生产过程中通过开闭暗管实现排水。

排水渠道种植水花生、轮叶黑藻等。有条件的可以建立生态浮床，栽种狐尾藻、水花生和大叶雍菜等水生植物，进一步吸收净化养殖尾水中的氮、磷等。

五、尾水处理区建设

这是实现循环养殖和达标排放的关键技术。一般将8%左右的养殖面积改造成尾水处理区，能够完全满足尾水循环利用的技术需求。

尾水处理区种植伊乐藻、轮叶黑藻和苦草，搭配一些美人蕉、睡莲等观赏性植物，水草种植密度达到70%以上。同时，亩放500～1 000千克螺蛳、6～8尾/千克的花白鲢200尾。

六、生态养殖模式的建立

立足生态链互补原理，采用蟹、虾、鱼立体化、低密度生态高效养殖模式，合理利用养殖水体和水体中的饵料生物资源，既保证有较好的产出，又能减轻池塘的生态修复负荷。

1. 蟹种培育 选择天然长江水系亲本繁育、规格在14万～16万只/千克的大眼幼体，亩放1.5千克。要求大小均匀，活动力强，淡化日龄在6～7日。放养时间为4月底至5月中旬。

2. 成蟹养殖 亩放蟹种800～1 000只，规格100～120只/千克，规格整齐，体质健壮，爬行活跃，附肢齐全，无病无伤。套养青虾4万尾/亩，规格1～2厘米/尾；套养滤食性鱼类花白鲢50尾/亩，摄食浮游生物。放养时间：蟹种选择在3月初，青虾在秋季进行套养。

放养前10～15天，每亩施经过发酵的有机肥150～200千克，用以培肥水质，提供天然饵料。或者使用单胞藻培养素配合EM益生菌，进行生物肥水。

蟹种放养前，用3%～4%的食盐水浸洗3～5分钟。先将蟹种放入暂养区，5～6月待水草长成后，再转入池塘进行养殖。

七、主要管理措施

1. 投饲管理

（1）蟹种培育　Ⅰ～Ⅲ期仔蟹阶段，投喂粗蛋白含量42%的配合饲料，日投饵量为池中幼体重量的8%～10%，分多次进行全池投喂；Ⅲ～Ⅴ期阶段，投喂粗蛋白含量32%～38%、植物蛋白占60%～70%的全价配合饲料，日投喂量为池中幼体重量的5%～10%，分上午和傍晚2次全池投喂，傍晚1次为总量的60%～70%；Ⅴ期以后，动、植物蛋白并重，日投饵量应保持在幼体体重的5%～8%，同时搭配一些浮萍等粗饲料。

（2）成蟹养殖　总的原则是“荤素搭配，两头精、中间粗”。即在饲养前期（3～6月），以投喂配合饲料和鲜鱼块、螺蚬为主；在饲养中期（7～8月），应减少动物性饲料投喂数量，增加水草、玉米等植物性饵料的投喂量；在饲养后期（8月下旬至11月），以动物性饲料和配合饲料为主，满足河蟹后期生长和育肥所需，适当搭配少量植物性饲料。要合理控制投饲量，每天投喂1～2次。饲养前期每天1次；饲养中后期每天2次，上午投总量30%、晚上投总量70%。精饲料与鲜活饲料隔日或隔餐交替投喂，均匀投在浅水区，坚持每天检查吃食情况，以全部吃完为宜，不过量投喂。

2. 水质调控　由于整个养殖系统采取的循环水生态养殖技术，生态环境的自我修复能力较强，一般不需要换水，只要适当的添水即可。3～5月水深掌握在0.5～0.8米，6～8月控制在1.2～1.5米，9～10月稳定在1米左右。定期使用光合细菌、EM益生菌、枯草芽孢杆菌等调活水体，高温期间每半个月施用1次，拌土底改剂或用水稀释全池泼洒。尾水处理区可根据处理负荷的大小，配合使用沸石粉、水净宝等进行水质强化处理，实现达标排放与循环利用。

3. 病害防治　在4～5月，用硫酸锌杀纤毛虫一次；6～8月，每隔半个月用二氧化氯、二溴海因消毒水体1次。药物的使用避开蜕壳期、高温闷热天气。

4. 日常管理　经常查看河蟹活动是否正常，勤巡塘，坚持早、中、晚各巡池1次。

勤开增氧机。一般晴天中午开机2小时；阴天清晨开，傍晚不开；连续阴雨天全天开机；水质肥时半夜开机至翌日7:00。

5月前，可根据池塘水草情况适当施用草爽1号、长根粒粒肥促进水草生长；高温季节，伊乐藻如长得过于茂盛，应加强管理。一方面要加深池水，另一方面要及时刈割，保持水草距水面30厘米，防止水温过高灼伤伊乐藻，造成水草死亡腐败水质，引起病害发生。

八、捕捞

蟹种捕捞：采用堆置水花生法。其方法为在11月中下旬，幼蟹停止摄食后，将池中水花生堆成，使幼蟹进入草墩越冬，起捕时将网片从草堆下托起水草，将水草捞出，幼蟹就在网中。采用这种方法，第一次可起70%左右，第二次可捕15%～25%。成蟹捕捞采取地笼捕捞法。青虾采取适时笼捕上市。鱼类通过年底干塘起捕。

九、养殖实例

宜兴市循环水养殖技术示范工程，主要内容是建设循环水养殖技术示范区，重点创建512亩复合人工湿地子系统与523亩池塘生态养殖子系统。通过两个子系统之间的有机结合，实现水体内循环，达到水体进化改良的目的。采用生物修复和水质调控技术，改良池塘生态系统，控制养殖“内污染”，提高池塘水质，实现养殖水循环利用和最终一次性达标排放（图8-1）。

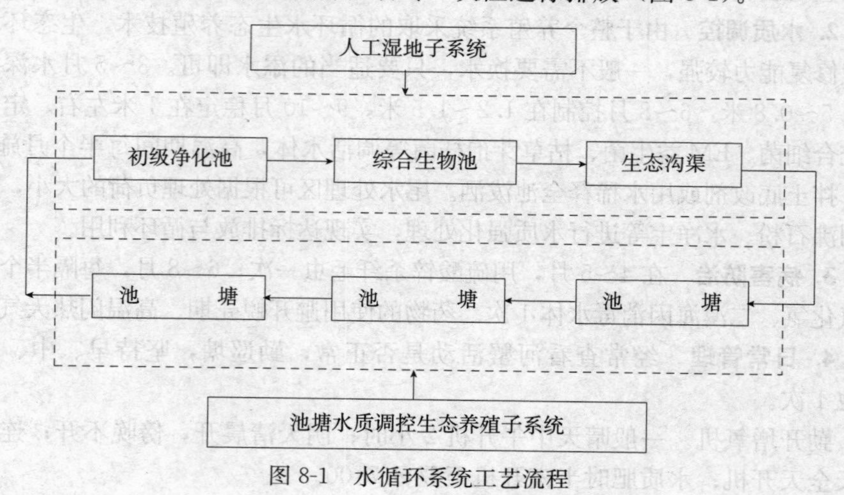

图8-1　水循环系统工艺流程

1. 523 亩池塘生态养殖子系统　由 477 亩养殖池塘、23 亩进排水沟渠（进水沟渠总长 255 米，呈上宽 1 米、下宽 0.4 米、高 0.6 米的倒梯形状；排水沟渠分为Ⅰ号和Ⅱ号：排水沟Ⅰ号总长 650 米，呈上宽 1 米、下宽 0.4 米、高 0.8 米的倒梯形状；排水沟Ⅱ号总长 310 米，呈上宽 1.5 米、下宽 0.7 米、高 1 米的倒梯形状）和 23 亩池埂组成。

循环水养殖技术示范区建成后，通过进水沟渠，477 亩养殖池塘，统一使用经过人工复合湿地净化后流入生态河中的明显优于外河水质的水。另外，为实现生态养殖，477 亩池塘做好了以下工作：

（1）*清淤晒塘*　经过一年的养殖，池底积累了大量的粪便、饲料残饵等有机质，在冬季捕捞结束后，对 477 亩养殖池塘清除过多淤泥；通过晒塘、冻土有效分解底泥中的有机物，杀灭病害生物。

（2）*合理养殖密度和结构*　从池塘水体允许载鱼量出发，适当疏养减轻负荷，减少污染源（残饵、排泄物等），河蟹放养密度以 800 只/亩为主。另外，为充分利用转化养殖水体营养源，适当套养滤食性、杂食性和肉食性品种。

（3）*充分应用增氧设备*　蟹池采用底层管道微孔曝气增氧技术，增加了养殖水体特别是底层的溶氧量，加快池塘水体主要污染源沉聚集结区域的底层有机质的氧化，促进物质良性循环和池塘水体内部养殖能量合理再利用，改良了水体生态环境。

（4）*科学投饵*　主要采取营养调控的方法，降低养殖水体污染，提高消化吸收率，减少浪费和污染。选用优质饲料，并在饲料中添加维生素、酶制剂和微生物制剂等，饲料有计划合理地控制分配，蟹池定时定点均匀投喂。

（5）*蟹池按生态养殖技术*　实施种植水草、投放活螺等。

养殖过程中产生的养殖排放水，通过排水沟渠排入复合的人工湿地系统中进行净化。

2. 复合的人工湿地系统　主要包括：初级净化池（1 674 米^2），池中设置微生物膜、栽植（或圈养）净化能力强的水葫芦、伊乐藻等水生植物，以初步利用水体中的氮、磷物质；每半个月使用沸石粉 20 微克/毫升，以吸附沉淀有机质。

分别在人工复合湿地南、北区开挖宽在 3.5～7 米不等的生态沟渠 8 条和 12 条。生态沟渠中栽植一些芦苇和其他一些水生藻类、螺蛳等。其中，包括 32 500 千克伊乐藻；投入 250 千克的苦草籽、800 千克轮叶黑藻芽孢；分别在 3 月投 40 000 千克，5 月投 35 000 千克螺蛳，以吸收水体中氮、磷等营养盐；

1 200 米长以及生态沟渠内人工设置的复杂地貌，增加了空气与水体的接触面，增加了水体溶氧，降低水体中的氮、磷含量，优化了水质。人工湿地中过度繁殖的水生植物、螺蛳等应定期捞出，并且可作为养殖池塘鱼、蟹类的食物加以利用。

在生态沟渠之间的埂上种上耐水性强的池杉，形成林地，以增加岸地牢固性。池杉耐水性十分突出，除种植时要控制水位，成活后不受水位限制。共计种植高度为 2.5 米、直径 3 厘米的池杉 4.97 万株。

3. 生态河 通过河道清淤，在池塘生态养殖系统和复合的人工湿地系统间形成 1 条长 184 米、均宽 10 米的生态河。

排入复合的人工湿地系统中的养殖尾水，依次通过初级净水池、生态沟渠，利用水体生物、微生物制剂等生物净化、物理沉降和曝气作用，得到净化改良后，最后流入生态河中，满足生态养殖区的池塘用水。从而养殖期内实现养殖池塘-人工湿地内循环水利用零排放，养殖期末干池采用间接排放，经湿地子系统蓄水净化后，超量水体由唯一的 1 个总排水口一次性达标排放，实现整个示范区水体内循环。

根据对 2007 年和 2008 年养殖数据统计比较，2008 年河蟹亩产量达到 63.74 千克，比 2007 年（55.25 千克）增加了 8.49 千克/亩，增长了 15.37%；主要养殖品种河蟹规格达到 159.43 克/只，比 2007 年（150.75 克/只）增加了 8.68 克/只，增长了 5.76%；其他水产品增重量（收获时水产品重量一放养时水产品重量）达到 22 829 千克，比 2007 年（19 961 千克）增长了 16.88%；养殖亩毛利达到 3 067.26 元，比 2007 年（1 762.73 千克）增加 1 304.53 元/亩，增长 74.01%。

第九章
河蟹池塘微孔增氧生态养殖新模式

通过安装微孔管道增氧，增加苗种放养量，采取“种草投饵、科学投喂、调节水质、生态防病”等生物操纵技术，实行集约化养殖，大大改善了池塘生态环境，提高了蟹池综合生产能力，亩放自育蟹种 1 000 只、青虾 5～10 千克，亩产商品蟹 100 千克（平均规格 150 克以上）、青虾 30 千克，亩效益 5 000元以上，达到养殖产量、产品质量、养殖效益和生态环境几方面的有机统一。

一、池塘准备

1. 池塘条件 选择靠近水源且充足，进排水方便，水质清新无污染，符合国家渔业用水标准的地方建池。池深 1.5 米，确保高温期水位能加至 1.2 米以上；坡比为 1∶（2.5～3）。池塘四周用钙塑板或聚乙烯网片建成防逃设施。

2. 微孔管道增氧设置 主要由气泵、总供气管、支供气管和微孔管四部分组成。气泵选用罗茨鼓风机，动力配套一般为 0.22 千瓦/亩，总供气管选用内径 75 毫米的 UPVC 管，支供气管采取内径为 10～12 毫米的硬质塑料管，微孔管选择内径 10～12 毫米的高分子微孔暴气管。安装方法：将总供气管架设在池塘中部、高于最高水位 30～40 厘米、距池塘底部 130～140 厘米，呈南北向贯穿整个池塘。若池塘宽度大于 100 米以上，可架设 2 条，且 2 条总供气管之间距离至少在 50 米之间，然后在距池塘底部、淤泥上面 10 厘米处接微孔管。

微孔管连接方式一般为条式、点式和盘式。条式的增氧面积较大，但成本较高，功率配备要大；点式的增氧距离较长，成本较低，但增氧面积较小；盘式的局部增氧效果较好，但安装工艺复杂，成本较高。故推荐以下两种微孔管道连接方式：

（1）条式　每隔8米在总供气管两侧接上1条长度3～5米的支供气管，然后接1条20米左右的微孔管，最长不超过24米。并用2根竹桩进行固定，一端固定在总供气管周围，另一端固定在距池边1米处，中间用尼龙绳拉直，将微孔管固定在细绳上，到池边后将微孔管弯曲扎紧或用塞子塞牢，防止漏气。

（2）点式　每隔8米在总供气管两侧接1条20～30米的支供气管，然后每隔2米接上一端长度为20厘米的微孔管。如选择同种规格的微孔管和支供气管，则用连接头连接；如选择不同种规格，则微孔管一定比支供气管大一号，将微孔管套在支供气管上，并用塑料扎丝捆牢。

二、环境营造

1. 清塘消毒　冬季抽干池水，冻晒1个月，清除过多的淤泥（留淤泥5～10厘米）。随后注水10厘米，亩用生石灰150～200千克，化水全池泼浇，杀灭有害生物和病原。

2. 种植水草　2～3月，待水温回升，即可种植水草。种植品种以伊乐藻为主，搭配黄丝草、苦草和轮叶黑藻等。种植方式：距微孔管两边4米处种植水草，先栽黄丝草、轮叶黑藻，后栽伊乐藻、苦草，把伊乐藻、黄丝草切茎分段栽插，行间距5米×4米，在空白处种植适量轮叶黑藻、苦草，使种植面积达到40%。

3. 施肥培水　肥水可为河蟹培育枝角类、桡足类等天然饵料，降低生产成本，提高经济效益，一般施生物有机肥50千克/亩，1个月后视水质肥瘦及时追施氨基酸肥料20～30千克/亩，既可为河蟹培育天然活性饵料，又能促进水草生长。

4. 移植螺蛳　清明前的螺蛳既有净化水质的作用，又有生长繁殖的功能，还可为蟹种提供天然饵料。一般采取两次投螺的方法，即4月上旬投放活螺蛳300千克/亩；7月再根据存塘量补充150～200千克/亩，以弥补一次投螺造成的缺氧现象。

三、种苗放养

1. 放养自育蟹种　3月前，亩放规格为120～160只/千克的自育蟹种

1 000～1 200 只。蟹种要求肢体健全，无病无伤，活动敏捷，规格整齐。

2. 套养青虾　蟹池在 5 月前载鱼量不大，利用此阶段养殖一季青虾，可有效提高蟹池综合产出效益。一般 2 月池塘消毒药物药性消失后，亩放规格 2 000尾/千克左右的过池虾种 5～10 千克。

四、饲养管理

1. 饲料投喂　动物性饵料是河蟹最喜食的饵料，颗粒饲料又是营养价值最全面的饵料。前期以小杂鱼、螺蛳等动物性饵料为主，中期适当搭配颗粒饲料，高温期搭配玉米、小麦等能量饲料；投喂量按河蟹体重计算，前期 2%～3%，中期 3%～5%，后期 5%～6%；投喂时间以傍晚前后投喂为宜，投喂过早会被鸟、蛙等敌害生物摄食，降低饵料利用率；投喂方法为全池均匀撒投，不留死角。

2. 水位水质调节　水位调节，主要按照前浅、中深、后适当的原则。前、中、后期水位一般分别控制在 30～50 厘米、60～90 厘米、80 厘米；河蟹养殖过程中一般很少换水，大多以定期添水为主，水质调节主要是利用生物制剂调节水质、底质改良剂改良池塘底质，自 5 月始每半个月施用 1 次光合细菌、EM 原露等生态制剂，黄梅季节暴雨过后及时解毒、改底和调节，高温季节每周施用 1 次生物制剂，并伴投底质改良剂，确保水质“活、嫩、爽”。

3. 防病治病　遵循“预防为主、防治结合”的原则，采取“治病与治虫相结合”“外消与内服相结合”“中药与西药相结合”的方法，积极预防和治疗河蟹病虫害。全年着重抓住“防、控、保”三个阶段：前期（4～5 月），采用硫酸锌复配药扑杀纤毛虫，1～2 天后使用消毒剂进行水体消毒，并以 1%的中草药搭配免疫多糖和抗菌药物制成颗粒状药饵，连续投喂 5～7 天，做好预防工作。梅雨期后，再次扑杀纤毛虫，并外消内服（方法同上）控制高温期病害发生；9 月中旬，补杀纤毛虫，结合水体消毒并内服药饵。同时加强投喂，增强河蟹体质，提高抗病能力，确保河蟹增重育肥直至上市。

4. 适时增氧　适时增氧，是河蟹养殖中的重要环节，充足的溶氧是河蟹快速生长的必要条件。根据天气变化情况，适时开启增氧设施，晴天一般深夜 12 点开启微孔管道增氧设施至翌日早晨；高温季节，12:00 开启增氧设施至 14:00，半夜开启增氧机至翌日天亮；连续阴雨和闷热天气，全天开启微孔增氧设施，使溶氧保持在 5 毫克/升以上；使用药物杀虫消毒、调节水质及投喂饵料时，也应及时开启增氧机，以保证池水溶氧充足。

五、起捕上市

春季放养的青虾，4 月上旬开始，即可用地笼捕捞上市；寒露至霜降，河蟹基本成熟，这时应及时捕捞上市，同样用地笼捕捉；其他品种在冬季干塘时一并起捕上市。

六、养殖实例

金坛市儒林镇汤墅村秦伟根河蟹高产高效养殖情况介绍如下：

1. 池塘消毒 11 月底，亩用生石灰 150 千克化浆后全池泼洒。待药性消失后，每亩使用硫酸铜 0.5 千克全池喷洒，杀灭池中水草和青苔孢子，还有防止青苔生长的作用。

2. 水草栽种 清塘结束 1 周后，全池种植伊乐藻。种植方法：行间距为 30 厘米、株间距为 60 厘米，每株 10～15 根。水草栽插完 10～15 天，每亩施生物有机肥 50 千克用来培肥水质。3 月下旬池塘水体变瘦，每亩继续施加追肥 20 千克，至 5 月初使水体透明度一直保持在 30 厘米，以促进水草快速生长，抑制青苔生长。

3. 种苗放养 1 月，放养规格 140 只/千克的当地培育优质蟹种 8 560 只，平均亩放 2 675 只；放养规格为 2 000 只/千克过池虾种 50 千克，平均亩放 15.6 千克。

4. 养殖管理

（1）水位调节 4 月前水位控制在 60 厘米以内，以提高池水温度，促进河蟹生长；5～6 月保持在 1 米左右，7～8 月达到 1.5 米，以降低池底水温，确保河蟹安全度夏。

（2）水草管理 4 月底至 5 月初，如果伊乐藻生长过旺，采取刈割措施，割去伊乐藻上部 10～15 厘米，以促进伊乐藻新的根系、茎叶生长。高温季节来临之前，人工设置水草带。方法为：东西走向，间隔 3～5 米设置 1 条宽5～6 米的伊乐藻带，以利于水体流动，增加水中溶氧。由于伊乐藻上浮，经高温曝晒后会腐烂，因此高温季节须用竹桩、绳索，将伊乐藻固定在水面下 50～60 厘米深处。这样伊乐藻既不会腐烂，又能净化水质，同时也能降低水温。

固定方法为：在伊乐藻带中间拉上绳索并用竹桩固定绳索，将水草固定在水下。

（3）水质调节　每7～10天亩施EM原露1 000毫升，调节水质，维持藻相平衡，促进物质良性转化，增加蟹体免疫力。

（4）饲料投喂　饲料是影响河蟹规格与品质的关键因素之一。因此，全程选择蛋白含量为28%～30%的颗粒饲料投喂，并视天气、河蟹活动情况灵活调节。

（5）微孔增氧　选用直径为60毫米的硬质塑料管作为总供气管道，支供气管为12毫米直径的橡胶管，配套1.1千瓦空气压缩泵1台。安装方法为：在池塘中间按南北方向水平架设1条总供气管，高于池水最高水位10～15厘米。在总供气管两侧间隔8米水平设置1条微孔管道，一端接在总供气管上，另一端延伸到离池埂1米远处，并用竹桩将微孔管道固定在高于池底10～15厘米处，呈水平状分布。增氧方法为：于池塘生物载重量较大，遇到闷热天气，及时开启增氧机。高温季节，半夜开启增氧机至翌日9:00，以保证池水中溶氧充足。

5. 经济效益分析　全年共收获成蟹750千克、青虾250千克，平均亩产河蟹234千克，规格125克/只。收获青虾250千克，平均亩产78千克，产值4.65万元，扣除生产成本1.35万元，实现利润可达3.3万元，平均亩效益1万元以上。

第十章 河蟹池塘智能化养殖新模式

一、河蟹池塘智能化养殖模式概述

1. 河蟹池塘智能化养殖模式的需求诠释 中国渔业生产经过近 20 年的持续、迅速发展，进入了一个新的发展阶段，但与发达国家相比还是存在许多的问题，其中一个重要的方面就是信息应用技术的不足。渔业养殖水域的水是养殖动物的生活环境，传统池塘养殖是“三池合一”的养殖方式，极容易造成池塘水质的污染，严重影响河蟹的生产质量和生产安全。为了防止因水质污染造成水产养殖的环境破坏和保证河蟹的产品安全，就必须对水产养殖环境的水质进行分析和监测。而传统的水质监测，主要是手工化学测定等离线监测，不仅耗时费力，还存在数据不全等弊端。为解决这些问题，我们效仿国外的工厂化养殖方式进行解决。工厂化养殖方式是，全面实现养殖过程中水体循环、水体控温、水质监测、生物过滤、充气增氧、臭氧脱色、饵料投喂、死鱼收集、污水处理和起捕分类十项内容的自动化管理和监测目标的自动控制。自动监控技术不但避免了传统水质监测存在的弊端，还可以随时了解各数据的变化情况，并对环境参数进行自动控制，使水产养殖管理达到一个“新境界”。工厂化养殖方式将生物技术、信息技术和现代养殖方式集于一身，是渔业高科技的最集中的代表。

近年来，随着国际互联网 Internet 技术的发展，各种信息在世界范围内的快速传递成为可能。目前，国际上许多发达国家正在有效地将地理信息系统(GIS)、无线传感器网络（Wireless Sensor Networks，WSN)、遥感信息处理系统（RS）和全球卫星定位系统（GPS）技术应用于渔业的生产、科研和管理等方面，同时，随着计算机智能识别、推理和神经网络技术的发展，一些智能化的专家系统也开始用于水产养殖中的池塘化参数监制、自动投饵、饲料配制、鱼病诊断等。近年来，我国政府也特别注重农业计算机技术的发展和应用。在政府的号召下，物联网技术已经在我国各种行业和领域如火如荼地应用起来。

物联网（英文叫做 Internet of things），就是将世界上所有的人和物品，即包罗万象的“事物（things）”通过网络采用嵌入式方式连接起来，形成网络的世界联系。具体地说，就是把世界上所有的事物（有人简称为“物体”）通过信息传感设备（如各类传感器、二维码、RFID、GPS 等）与互联网、无线公共通信网、广电网以及其他各种有线和无线局域网、个域网等连接起来，实现对物理世界自治的动态的网络化传感、采集、处理、收发和智能化协同识别、感知和控制，形成一个更加智慧的生产生活体系。

以物联网在线实时监测与自动控制为主要手段的现代高效信息化精准产业，是水产业今后发展的必由之路。将无线传感器网络等物联网技术应用在我国水产设施养殖技术方面，大大地提高了我国渔业生产的智能化，并且集数据、图像实时采集、无线传输、智能处理和预测预警信息发布、安全溯源、辅助决策等功能于一体，实现现场及远程系统数据获取、报警控制和设备控制，对水产养殖环境进行实时监控并进行相应的处理，大大改善水产生活环境，以便其更好地生长。养殖户可以通过手机或 Web 页面，实时了解养殖塘内各项参数和启闭设备，真正实现了水产养殖技术的信息化、传感化，使水产品在最适宜的环境下生长，达到智能、节能增产和食品安全的目的。

2. 河蟹池塘智能化养殖物联网模式架构　河蟹池塘智能化养殖物联网模式，包括标量参数监控部分和多媒体监控部分（图 10-1）。标量参数监控部分，是由传感节点、控制节点、中继节点、网关、基站、现场监控终端、本地监控终端以及远程监控终端（包括远程监控中心、客户监控终端、便携式移动监控终端等）等几部分组成，采用以 433MHz 无线通信频段的无线传感器网络（WSN）为核心的物联网技术进行监控。根据用户需求，传感节点采集养殖池塘溶解氧、水温、pH、氨氮、总磷、总氮、亚硝酸盐、高锰酸盐等标量参数数据，以多跳路由方式无线自组网、路由传输到无线传感器网络基站；无线传感器网络基站处理及存储网络数据，并根据养殖池塘水环境参数和相应水质智能控制算法启动水质控制设备（包括无线控制终端、电控箱以及空气压缩机、增氧机、循环泵等各种水质调控设备）对池塘环境进行自动调节。无线传感器网络基站又与本地或远程监控终端进行通信交互，监控终端向用户实时提供监测数据以及执行装置的工作状况，并实现现场及远程的数据获取、系统监测、系统控制、系统报警、系统预警等智能决策。同时，系统的人机操作界面采用层次结构，数据及状态显示多样，便于用户操作和查看。因此，我们认为上述架构是河蟹池塘智能化养殖物联网标量参数监控的最优方案。

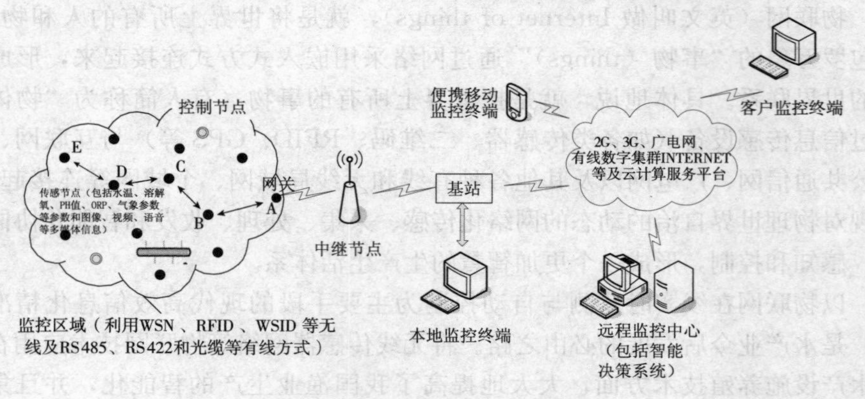

图 10-1　水产养殖物联网系统

河蟹池塘智能化养殖物联网模式中的多媒体监控部分，主要是由若干网络摄像机采集池塘水环境图像、视频和声音等矢量信息，并由有线或无线技术传输到网络基站设备（包括硬盘录像机、视频接收器/传输器、监控硬盘和光纤收发器）。考虑到系统成本、系统稳定性和数据传输质量的要求，建议尽量使用有线技术传输。网络基站设备处理及存储多媒体信息，并与本地或远程监控终端进行通信交互，实现现场及远程的多媒体信息获取、系统监控等功能，以便及时发现池塘中的异常现象，并及时做出预测预警处理等。

河蟹池塘智能化养殖物联网模式的设计和提出，充分考虑了无线传感器网络的优势，采用以 WSN 为核心的多模态融合技术的系统方案。该模式是面向水产养殖集约、高产、高效、生态、安全的发展需求，基于智能传感技术、无线传感器网络技术、RFID 技术、现代通信技术、现代网络技术、智能信息处理技术及智能控制等技术开发的，集数据、图像实时采集、有线无线传输、智能处理和预测预警信息发布、安全溯源、智能决策等功能于一体的现代化水产养殖实时监控与自能管理系统。系统有助于实现设施渔业技术、生态修复技术、健康养殖技术的有机融合，对水质进行综合监控，经数据的可靠传输，信息的智能处理以及控制机构的智能控制，可以改善水产养殖环境，实现水产养殖的科学养殖与管理，使水产品在适宜的环境下生长，增强水产品的抗病能力，减少和避免大规模病害的发生，从而有效提高了水产品的产量和质量，实现了节能降耗、绿色环保、生态修复、质量安全、增产增收的目标。

3. 河蟹池塘智能化养殖物联网模式特点　智能化养殖物联网模式作为当今信息领域新的研究热点，涉及多学科交叉的研究领域，涉及的关键技术主要有传感器网络技术、RFID技术、通信网络技术和智能信息处理技术等。这些关键技术的融合，使得河蟹池塘智能化养殖物联网模式具有安全、高效、全面、智能等的特点，下面简单介绍部分关键技术：

（1）*传感器网络技术*　传感器网络综合了传感器技术、嵌入式计算技术、现代网络及无线通信技术、分布式信息处理技术等，能够通过各类集成化的微型传感器协作地实时监测、感知和采集各种环境或者监测对象的信息，通过嵌入式系统对信息进行处理，并通过随机自组织无线通信网络以多跳中继方式将所感知信息传送到用户终端，从而真正实现"无处不在的计算机"的理念。传感器网络的研究采用系统发展模式，因而必须将现代的先进微电子技术，微细加工技术和SOC系统与技术、现代信息通信技术、计算机网络技术等融合，以实现其集成化、微型化、多功能化及系统化、网络化，特别是实现传感器网络特有的超低功耗系统设计。

目前，智能化养殖物联网模式中应用广泛的是无线传感器网络。无线传感器网络（WSN）就是由部署在监测区域内的大量廉价微型传感节点组成，通过无线通信方式组成的一个多跳的自组织的网络系统，其目的是协作地感知、采集和处理网络覆盖区域中感知对象的信息，并发送给观察者。传感器、感知对象和观察者构成了无线传感器网络的三个要素。由于传感器节点数量众多，部署时只能采取随机投放的方式，传感器节点的位置不能预先确定；在任意时刻，传感器节点间通过无线信道连接，采用多跳、对等通信方式，自组织网络拓扑结构；传感器节点间具有很强的协同能力，通过局部的数据采集、预处理以及节点间的数据交换来完成全局任务。物联网的"物物"互联需要新技术，来满足小型化、成本低、低功耗、任意布设及可移动等需要，无线传感器网络能在满足上述需要的前提下，提供具有自动组网和自动修复能力的网状网络，使得无线传感器网络有初步的智慧功能。

（2）*RFID技术*　射频识别技术（RFID）俗称电子标签，它是一项利用射频信号通过空间耦合（交变磁场或电磁场），实现无接触信息传递并通过所传递的信息达到识别目的的技术。由于它是一种非接触式的自动识别技术，因此不需要人工干预，可工作于各种恶劣环境。RFID技术可识别高速运动物体并可同时识别多个标签，操作快捷方便。RFID是一种简单的无线系统，由一个询问器（阅读器）和多个应答器（标签）组成。一套完整的RFID系统是由阅读器与电子标签及应用软件系统三个部分组成，其工作原理是阅读器发射一特定频率的无线电波能量给电子应答器，用以驱动应答器电路将内部的数据送出，此时阅读器便依序接收解读数据，送给应用程序做相应的处理。

基于RFID标签对物体的唯一标识性，使它成为物联网的热点技术。RFID技术具有防水、防磁、耐高温、使用寿命长、读取距离大、数据可以加密、存储信息更改自如等优点，广泛应用在各个领域。

（3）网络通信技术　网络通信技术为物联网数据提供传送通道，传感器的网络通信技术分为两类：近距离通信和广域网络通信技术。在近距离通信方面，主要采用以433MHz无线通信频段的无线传感网进行传输；在广域网络通信方面，通过现有的IP互联网、2G/3G移动通信、广电网、卫星通信技术以及其他各种有线数字集群等现代网络通信技术，实现了信息的远程传输与计算，包括云计算、云服务等，特别是以ipv6为核心的下一代互联网的发展，将为每一个传感器分配IP地址创造可能，也为传感网的发展提供良好的基础网条件。

（4）智能信息处理技术　智能信息处理就是将不完全、不可靠、不精确、不确定和不一致的信息和知识逐步改变为完全、可靠、精确、确定和一致的信息和知识的过程和方法，就是利用对不确定性和不精确性的容忍来达到问题的可处理性。智能信息处理的主要目的就是要制造出具有学习、理解和判断能力的人工智能系统。它的本质就是要研究一些算法来提取出信号中的有用信息，从而实现系统的智能控制。

智能信息处理涉及信息科学的多个方面，是现代信号处理、人工神经网络、模糊系统理论、进化计算，包括人工智能等理论和方法的综合应用。目前，智能信息处理技术中主要有传统智能信息处理技术和现代智能信息处理技术。传统智能信息处理技术包括自组织、自检、自校正、自校零、自校准、自补偿、自诊断等；现代智能信息处理技术包括有人工神经元网络、模糊理论、进化计算、信息融合技术、盲分离技术等智能信息处理方法。模糊理论研究的是一种不确定性现象，这种不确定性是由事物之间差异的中间过渡性所引起的划分上的不确定性，它是事物本身固有的不精确性，摆脱了经典数学理论中“非此即彼”的精确性（二元性），使得概念延伸具有不分明性；进化算法是一类借鉴生物界自然选择和遗传机制的随机搜索算法，可以用来解决优化和机器学习等问题；信息融合技术研究如何加工、协同利用多源信息，并使不同形式的信息相互补充，以获得对同一事物或目标更客观、更本质认识的信息综合处理技术，它能够精确地反映监测对象的特征，消除信息的不确定性；盲分离技术是指从观察到的混合信号中分离出源信号的问题，盲分离属于在目标函数下的无监督学习，其基本思想是抽取统计独立的特征来表示输入。

（5）智能控制技术　智能控制技术是一种将人工智能技术与经典、现代控制理论相结合的一种控制技术，以智能控制为核心的智能控制系统具备自学习、自适应、自组织等的智能行为。常用的智能技术包括自适应控制、模糊逻辑控制、神经网络控制、专家系统智能控制、学习控制、分层递阶控制、遗传算法智能控制等。智能控制的核心在高层控制，即组织控制，因此，智能控制的关键问题不是设计常规控制器，而是研制智能机器的模型，即对任务和现实模型的描述、符号和环境的识别以及知识库和推理机的开发。

4. 河蟹池塘智能化养殖物联网模式的产业化前景　河蟹池塘智能化养殖物联网模式的产生，加快了传统河蟹养殖向现代智能化养殖模式的转变，使得渔业结构得到了很大的调整，促进了我国渔业生产的发展，同时，河蟹池塘智能化养殖物联网模式同样适用于淡水鱼、虾等的养殖，促进了我国渔业的多元化发展，提高了我国渔业的经济效益。河蟹池塘智能化养殖物联网模式是一项高投入、高产出的产业，它的引入极大地改善了河蟹的养殖生长环境，从而减少了河蟹的死亡率，提高了河蟹的生产量，增加了养殖户的收入。河蟹池塘智能化养殖物联网模式的产生，还带动了渔业生产方式和人们思想观念的改变，改变了传统渔业一季生产的模式，向多季生产模式的转变，也带动了渔业生产方式从粗放型向集约型的转变，为国家和人民带来了极大的经济效益。

河蟹池塘智能化养殖物联网模式的产业化，使得养殖户的市场意识、竞争意识、效益意识显著增强，思想观念发生了很大的改变，同时，加大了科技知识的普及和推广。由于河蟹智能化养殖的技术要求比较高，使得养殖户必须跟上河蟹智能化养殖的要求，获取大量与河蟹智能化养殖相关的科技知识，同时增强了养殖户对周边养殖户的示范作用，提高了养殖户自身的劳动素质，加快了我国农村现代化建设的进程。河蟹池塘智能化养殖物联网模式中的溯源安全管理，能够追踪河蟹的各个环节（包括养殖、生产、流通、销售及餐饮服务等）及其相关信息，使河蟹的整个生产经营处于有效监控中，能够有效处理不安全的食品，确保了食品的安全性，让消费者吃得放心，维护了消费者的权益，促进了社会的和谐与稳定。

河蟹池塘智能化养殖物联网模式，是将生物技术、信息技术和现代养殖方式集于一身的养殖模式，包含了死鱼收集和污水处理等方面，减少了水质污染。河蟹池塘智能化养殖物联网模式中的专家系统，能够指导养殖户进行疾病诊断并且合理用药，减少了传统养殖模式中乱用滥用药品的现象，同样减少了池塘水质的污染。河蟹池塘智能化养殖是集中式的养殖，可以充分利用有限的水资源，促进水资源的循环利用，有利于生态环境的保护和建设。

二、河蟹池塘智能化养殖物联网感知层和主干传输层设计

感知层是河蟹池塘智能化养殖物联网的底层，也是基础设施层，主要用来获取实时的池塘水质监测数据，而数据感知又是“物联网”的核心之一。感知层是由传感节点、控制节点、网关、中继节点、基站组成。感知层的传感节点，通过传感器实时获取池塘水质监测数据信息并自行组网传递到网关接入点，由网关将收集到的感知数据通过中继节点（在需要的情况下）存储到基站，再由基站传输到本地监控终端或者经主干传输层传输到应用层的各类终端进行处理。感知层的控制节点，既可以获取池塘中水质控制设备（包括增氧泵、投饵机、水泵等各种水质调控设备以及其他各类无线控制终端）的运行情况并将其经网关、中继节点、基站上传到现场监控终端、本地监控终端以及远程监控终端（包括远程监控中心、客户监控终端、便携式移动监控终端等），也可以接收到各个终端的控制指令并按其指令自动控制各个水质控制设备。

河蟹池塘智能化养殖物联网中感知层的设计，包括感知层硬件设计和感知层软件设计。感知层硬件设计，主要包括传感节点设计、控制节点设计、网关设计、中继节点设计和基站设计；感知层软件设计，主要包括数据采集程序设计、节点无线自组网设计、无线通信组件设计和能量管理控制组件设计等。

1. 河蟹池塘智能化养殖物联网感知层硬件设计 近年来，在河蟹池塘智能化养殖物联网感知层方面，国内外出现了一些产品。

（1）传感节点 要对水质环境进行监测和调节，首先必须获取反映水质环境的各种监测数据信息，这个采集数据的任务是由传感节点完成，并可以完成对所采集数据的处理、存储和传输。我们推荐的水产设施养殖物联网监控系统感知层的最佳方案是，采用 433MHz 无线通信频段的无线传感器网络技术。因此，传感节点是典型的无线嵌入式系统。它通常由传感器模块、处理器模

块、无线通信模块和能量供应模块等几部分组成（图 10-2）。传感器模块负责监测区域内信息的采集和数据转换；处理器模块负责控制整个传感器节点的操作，存储和处理本身采集的数据以及其他节点发来的数据；无线通信模块负责与其他传感器节点进行无线通信，交换控制消息和收发采集数据；能量供应模块为传感器节点提供运行所需的能量。

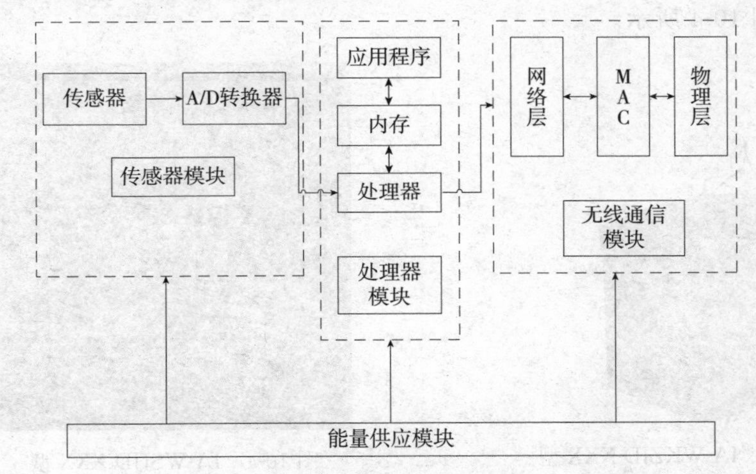

图 10-2　传感节点体系结构

由于各环境因素类型和性质的不同，传感节点就需要采用各种不同功能的传感器，并且传感器的性能指标直接决定着整个数据采集系统的性能。河蟹池塘智能化养殖进行水质监测所需要的数据，主要有水温、溶解氧、pH、氨氮、总磷、总氮、高锰酸盐和亚硝酸盐等，因此，使用的传感器主要有温度传感器、溶解氧传感器、pH 传感器、氨氮传感器、总磷传感器、总氮传感器、高锰酸盐传感器和亚硝酸盐传感器等。

（2）控制节点　控制节点一般即为普通的计算机系统，充当无线传感器网络服务器的角色。河蟹池塘智能化养殖物联网中控制节点，就是要根据采集到的水温、溶解氧、氨氮、总磷、总氮、亚硝酸盐和高锰酸盐等标量参数，结合相应的控制算法对增氧泵和循环泵等相应执行装置进行控制，由此调控池塘的水环境，并能运用无线传感器网络技术或其他无线通信技术进行数据处理、存储、组网和传输。目前，河蟹池塘智能化养殖物联网中常采用的是由南京英埃格传感网络科技有限公司与东南大学智能网络与测控系统研究所研制的无线控制器，它分为 IA-WKZJD-XXX 型单通无线控制器和 IA-

WSJJD-XXX 型 8 通道无线控制器两种。这两种无线控制器都采用 433MHz 的无线通信频段，具有 150 米或 1 000 米相同的无线传输距离，工作温度都是−45～85℃，区别是 8 通道无线控制器的性能更高，数据的读写速度更快。此外，无线控制器外壳采用冷扎钢板、镀锌钢板和不锈钢板三种制造，具有坚固、耐用、耐化学腐蚀、抗冲击和性能稳定等优点，无线控制器如图 10-3、图 10-4 所示。

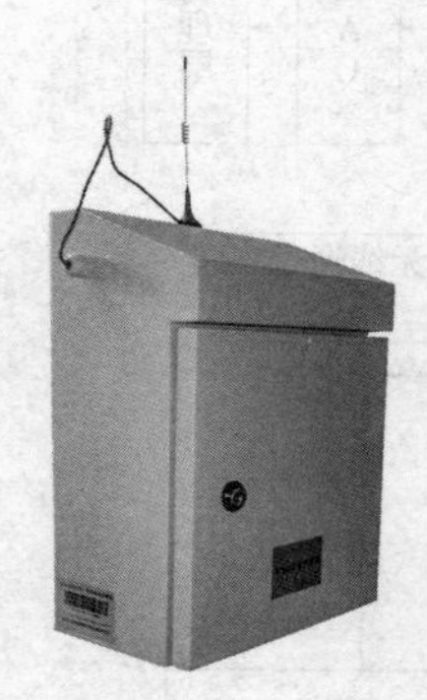

图 10-3 IA-WKZJD-XXX 型单通道无线控制器

图 10-4 IA-WSJJD-XXX 型 8 通道无线控制器

（3）网关 网关通常有较强的处理能力、存储能力和通信能力，它也可以是一个具有足够能量供给和更多内存资源、计算能力的增强传感器节点，它能实现控制节点与传感器网络之间的通信。河蟹池塘智能化养殖物联网中网关，主要是将采集到的水温、溶解氧、氨氮、总磷、总氮、亚硝酸盐、高锰酸盐等参数信息、执行设备的状态信息汇聚起来，传输到中继节点，也可将控制节点发出的控制指令传达给各个传感节点。目前，河蟹池塘智能化养殖物联网中常用的网关，是由南京英埃格传感网络科技有限公司与东南大学智能网络与测控系统研究所研制的 IA-DTZW-XXX 型无线网关，它能够将无线传感器网络的各类传感节点采集到的数据、状态信息进行网络间协议转换、路由选择、数据交换等，并将处理后的数据以无线自组网、移动通信网络、卫星通信网络等方式发送和接收。它采用 433MHz 的无线通信频段，具有 150 米或 1 000 米相同的无线传输距离，工作温度在−45～85℃，采用 GSM/GPRS 900/1800 MHz 的 GPRS 接口无线通信频段，网卡接口为 RJ45，它具有实时性强、稳定性高、安装方便等优点，IA-DTZW-XXX 型无线网关如图 10-5 所示。

（4）中继节点　中继节点，简单来说就是一个负责信号接收和转发的装置。河蟹池塘智能化养殖物联网中的中继节点，就是将网关中存储的水温、溶解氧、pH、氨氮、总磷、总氮、亚硝酸盐、高锰酸盐等参数信息和执行设备的状态信息中继到基站，便于系统的远距离数据传输，也可将基站接收的控制指令传输给网关。所以，河蟹池塘智能化养殖物联网中的中继节点是双向中继节点。双向中继节点能够节省转发数据所用时隙，提高网络整体的吞吐量，提高网络性能。双向中继节点如图 10-6 所示。

图 10-5　IA-DTZW-XXX 型 无线网关

（5）基站　包括基站收发台（BTS）和基站控制器（BSC）。基站收发台可看作一个无线调制解调器，负责移动信号的接收、发送处理。基站收发台在基站控制器的控制下，完成基站的控制与无线信道之间的转换。控制器的核心是，交换网络和公共处理器（CPR）。公共处理器对控制器内部各模块进行控制管理，交换网络将完成接口和接口之间的数据/话音业务信道的内部交换。河蟹池塘智能化养殖物联网中常用的基站，是由南京英埃格传感网络科技有限公司与东南大学智能网络与测控系统研究所研制的 IA-WSNJZ-XXX 型无线基站，基站下行与监控区域内无线（或有线）传感器网络节点通信，并对监控区域中传输来的各类数据和状态进行配置、变换、存储、分析和传输。基站上行通过 RS232、RS485、USB 等标准接口，或通过 Internet、移动通信网、WLAN 等多种通讯方式与本地监控终端、远程固定监控终端、移动监控终端、上位机等进行通信。IA-WSNJZ-XXX 型无线基站如图 10-7 所示。

（6）采集控制及现场监控终端　采集控制及现场监控终端，是集数据采集、显示、控制、处理、存储、通讯于一身的多功能监控设备。用途不同，终端的配置不同。在河蟹池塘智能化养殖物联网模式中，采集控制及现场监控终端包括数据传输模块、数据显示模块和控制模块组成。目前，用于河蟹池塘智能化养殖的采集控制及现场监控终端，主要由南京英埃格传感网络科技有限公司与东南大学智能网络与测控系统研究所研制的 IA-WSJJD-XXX 型 8 通道采集控制及现场监控终端，它以无线传感器网络技术为核心，可结合移动通信网

图 10-6　双向中继节点

图 10-7　IA-WSNJZ-XXX 型基站

络、WLAN 以及 Internet 等技术进行数据处理、存储、组网和传输。它采用 433MHz ISM/SRD 无线通信频段，无线通信距离可达 150 米或 1 000 米。本产品采用 7 寸触摸屏，可显示实时曲线、表格和虚拟现实数据以及实时数据查询、历史数据查询、历史曲线绘制等，同时，可显示各执行设备的工作状态。还可以设定水温、溶解氧等参数的采集时间和控制阈值，它根据采集到的水温、溶解氧、pH、氨氮、总磷、总氮、亚硝酸盐、高锰酸盐等参数信息和执行设备的状态参数信息，结合相应的控制算法对增氧泵、投饵机、水泵等各种水质调控设备进行控制，有效实现现场监测和控制，由此调控河蟹池塘智能化养殖物联网模式中的水环境，使得河蟹的养殖环境处于最佳状态。采集控制及现场监控终端如图 10-8 所示。

图 10-8　IA-WSJJD-XXX 型 8 通道采集控制及现场监控终端

2. 河蟹池塘智能化养殖物联网感知层软件设计　河蟹池塘智能养殖节点软件开发，一般采用基于模块化/组件化的设计思想、事件驱动的执行模型和主动消息通信方式，在水产养殖系统节点上运行无线传感器网络微型嵌入式操作系统，并采用组件化编程语言设计河蟹池塘智能养殖系统节点应用程序。

（1）数据采集处理　数据采集处理分为两个部分：传感器数据采集和软件处理算法。通常，采集传感器数据可以分为两个步骤：配置并启动传感器和读取传感器数据。第一步骤的配置并启动传感器的工作非常复杂，包括传感器的配置以及与其相连的硬件模块的配置。考虑到硬件平台的不同，传感器也不同，各自的配置要求也就不完全一样。由于传感器输出的信号为微弱电信号，通过一系列的信号放大、分压、滤波后，输入到微处理器芯片的A/D口中。

由于养殖环境的特殊性，数据很有可能受到外界的各种干扰或未知原因而导致出错，有可能偏离正常数值很大。因此，为了减小数据采集误差，除在传感节点硬件上采取一系列措施外，需要在软件中采用相应的处理算法，其中最常用的是采用移动平均滤波算法。移动平均滤波基于统计规律，将连续的采样数据看成一个长度固守为N的队列。在新的一次测量后，上述列队的首数据去掉，其余N－1个数据依次前移，并将新的采样数据插入，作为新队列的尾，然后对这个队列进行算术平均运算，并将其结果作为本次测量的结果。移动平均滤波器是一个低通滤波器，是对模拟滤波的补充，用于实时的检测，只要采样率足够高，就能得到较为理想的测量结果。

（2）执行设备控制　在河蟹智能养殖物联网系统中，执行设备控制主要是根据采集到的溶解氧和水温等参数信息，结合相应的控制算法，控制增氧泵和水泵的使用。根据河蟹的设施生长环境对溶解氧的要求，特别是在不同生长时期对溶解氧的不同要求，执行设备控制也分为若干个阶段。在不同阶段，根据河蟹对生长环境参数的要求，设置溶解氧的阈值，并以此为中心，分别划分为若干个等级。在河蟹智能养殖物联网感知层的执行设备控制中，我们仍采用微型嵌入式操作系统，并在此基础上采用组件化编程语言设计算法程序对执行设备进行控制。

（3）无线通信　及时有效地采集各个节点的环境参数信息，并对养殖环境进行控制，是及时确保池塘安全甚至高品质水质环境的前提和关键。因此，河蟹池塘智能化养殖中，在不影响河蟹生长的同时及时有效地采集各个节点的环境参数信息，以便在各种不同情况下进行实时观测，并进行有效的控制就显得尤为重要。因此，无线通信技术自然成了河蟹池塘智能化养殖中最活跃的领域。一般认为，短距离的无线低功率通信技术是最适合河蟹池塘智能化养殖传感器网络使用的技术。我们认为，采用以433MHz无线通信频段的无线传感器网络技术进行组网传输的通信技术，是最优的河蟹池塘智能化养殖物联网感知层方案。

(4) 能耗管理控制　水产养殖环境的特殊性，使得系统对节点的能源供应提出了很大的挑战。一般情况来说，水产养殖中参数检测需要持续进行数月的时间，每天的采集次数在数十次以上。如果不在数据采集、数据处理和无线通信等之间进行合理的能量分配，则能源瓶颈将会成为制约节点正常工作的最大隐患之一。

一般来说，能耗的管理控制是通过低功耗侦听机制（特别是睡眠/唤醒机制）和优质的数据处理及传输机制等来降低能源的损耗。在低功耗侦听状态下，节点只有在通道检测到载体的情况下才唤醒开启通信，其他情况下一般处于睡眠极低功耗状态。一旦检测到载体，便保持足够的通信时间来发现消息包。一旦发射器接收到应答信号或两次发送检查周期时间到，则停止发送。当节点接收到消息包时，它将保持唤醒状态以便接收第二批消息包。因此，分组猝发首批消息包，并在此唤醒条件下紧接着再发送接下来的消息包，与以固定速率发送单个性消息包相比较，在使用低功耗侦听来分组发送消息包，则能更多的降低功耗。

(5) WSN节点无线自组网　无线自组织网络（简称无线自组网）是支持普适计算及未来无线移动通信系统的重要技术基础之一，是具有无线通信能力节点组成的、具有任意和临时性网络拓扑的动态自组织网络，其中每个节点既可以作为主机也可作为路由器使用。在无线自组网中，节点间的路由通常由多个网段组成。由于终端的无线传输范围有限，两个无法直接通信的终端节点往往要通过多个中间节点的转发来实现通信。因此，无线自组网又被称为多跳网络、无固定设施的网络或对等网络。无线自组织网络具有动态的网络拓扑结构、多跳的路由结构、有限的通信宽带、节点局限性等特点。无线自组织网络有树型网络结构、星型网络结构、点对点网络结构等网络结构，通常采用树形网络拓扑结构。树形网络拓扑结构不仅可以实现全方位的信号立体覆盖，而且还能克服单一星型网络覆盖范围和效率的限制，其网络覆盖范围大，可容纳的网络子节点数量更多，可扩充性好，而且某些节点可以被定义为具有外加功能的中心节点。在组网设计中，可采用基于竞争的和非竞争机制的MAC协议，但通常采用基于竞争机制的MAC协议。竞争协议采用按需使用信道的方式，当节点需要发送数据时，通过竞争方式使用无线信道。在WSN中，睡眠/唤醒机制、握手机制和减少睡眠延时设计是基于竞争协议考虑的三大问题。

在信道接入方式中，CSMA/CA（载波侦听多路访问/冲突避免）是通常采用的方式之一。CSMA/CA算法要求介质上相邻两帧之间必须有一个最小的时间间隔。CSMA/CA算法工作时，首先侦听介质是否空闲，判断当前是否有其他节点在发送数据。若侦听到介质空闲，则可以发送数据；若侦听到介质忙，则节点需延迟。到当前传输结束之后，再任选一个随机退避时间，检测在这段时间间隔内介质是否仍忙。若空闲，则发送数据，否则继续退避。当一个节点在一次发送成功后还想再发送下一帧，也必须进行退避。

3. 河蟹池塘智能化养殖物联网主干传输层及其接口设计

（1）主干传输层　传输层既是OSI层模型中负责数据通信的最高层，又是面向网络通信的低三层和面向信息处理的高三层之间的中间层。传输层的目标是，面向应用层应用程序进程之间的通信，提供有效、可靠、保证质量的服务；该层弥补高层所要求的服务和网络层所提供的服务之间的差距，并向高层用户屏蔽通信子网的细节，使高层用户看到的只是在两个传输实体间的一条端到端的、可由用户控制和设定的、可靠的数据通路。

传输层实现三种功能：端到端连接的创建（包括应用层和网络层的连接）、寻址（寻找最终目的计算机的地址）、分组（将较长的消息拆分为较小的数据报文进行传输）。传输层还支持多路复用，传输层支持向上复用和向下复用。向上复用是指一个传输层协议可同时支持多个进程连接，即将多个进程连接绑定在一个网络连接（虚电路）上；向下复用是指一个传输层使用多个网络连接。在网络速度很慢时，可在网络层使用多个虚电路来提高传输效率。

河蟹池塘智能化养殖系统的主干传输层，就是通过现有的互联网、无线公共通信网、广电网以及其他各种有线数字集群等，实现数据的传输与计算等（包括云计算、云服务），将感知层传感器测得的参数信息（包括溶解氧、水温、pH、氨氮、总磷、总氮、亚硝酸盐、高锰酸盐等标量参数）和执行设备（包括电控箱以及空气压缩机、增氧机、循环泵等各种水质调控设备）的状态信息传输给本地监控终端或者远程监控终端。

（2）接口　在nesC语言中，接口详细地阐述了组件与组件之间、接口的提供者和接口的使用者之间的多功能交互通道。接口的提供者实现了接口的一组功能函数，叫做命令。同时，接口的使用者需要实现一组功能函数，叫做事件。当组件调用接口的命令函数时，必须实现该命令对应的事件函数。接口是由接口类型定义的。河蟹池塘智能养殖系统中常用的接口，有GPRS接口和2G/3G网络接口等。

①GPRS接口：

GPRS的无线接口Um：无线接口Um，是移动台（MS）与基站（BTS）之间的连接接口。GPRS中接口标准遵循GSM系统的标准。与GSM系统相同，在GPRS系统的空中接口中，1个TDMA帧分为8个时隙，每个小时发送的信息称为1个"突发脉冲串"（Burst），每个TDMA帧的一个时隙构成一个物理信道。物理信道被定义成不同的逻辑信道。一个物理信道既可以定义为一个逻辑信道，也可以定义为一个逻辑信道的一部分，即一个逻辑信道可以由一个或几个物理信道构成。GPRS的无线接口，可以图10-22 MS-网络参考模型来描述。MS与网络之间的通信涉及了物理射频（RF）、物理链路、无线链路控制/媒体接入控制（RLC/MAC）、逻辑链路控制和子网依赖的汇聚层几个层次图（图10-9）。

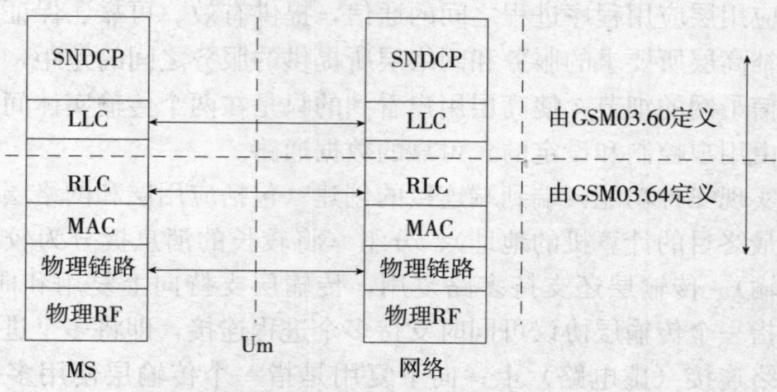

图10-9 MS-网络参考模型

物理层分为物理RF层和物理链路层两个子层。物理RF层执行物理波形的调制和解调功能，把物理链路层收到的比特序列调制成波形，或把接收的波形解调成物理链路层所需要的比特序列。物理链路层提供在MS和网络之间的物理信道上进行信息传输的服务，这些功能包括数据单元成帧、数据编码、检测和纠正物理介质上传输错误。物理链路层使用物理RF层提供的服务。数据链路层包括RLC和MAC两个子层。RLC/MAC层提供通过GPRS无线接口传输信息的服务，这些功能包括后向纠错过程。MAC层提供多个MS接入共享媒体的方法。RLC/MAC层使用物理链路层提供的服务，并向上层（LLC）提供服务。

GPRS的A接口：A接口，在基站控制器BSC和MSC之间，属于固网接口。信令协议基于CCITT的SS7。从系统上来讲，就是移动交换中心（MSC）与基站控制器（BSC）之间的接口，物理链路采用标准的2.048Mbit/s的数字传输链路实现。此接口传递的信息，包括移动台管理、基站管理、移动性管理和接续管理等。

GPRS的Gb接口：Gb接口是SGSN和BSS间接口，把BSS同SGSN连接起来，以进行信令信息和用户数据的交换，Gb接口能使多用户复用同一物理资源。资源在用户活动时(当数据发送或接收时)分配给用户，而在活动结束时会马上被收回并重新分配。这与A接口相反，在A接口，单个用户在一个呼叫的整个生命周期中独占一套专用物理资源，不管是否在活动。GPRS信令和用户数据在同一个传输平台上发送，不要求为信令分配专用的物理资源。每个用户的接入速率可以无限制的改变，从零数据到最大可能的链路速率。

Gb接口在GSM中的物理层配置和协议在此都是可用的，链路层协议是基于帧中继的，在SGSN和BSS之间建立帧中继虚电路，来自许多用户的LLC PDU复用这个虚电路。这个虚电路可能是多跳的，并横贯一个由帧中继交换节点组成的网络。帧中继将用于信令和数据传输。

GPRS的Gs接口：Gs接口是MSC/VLR和SGSN间接口，采用7号信令MAP方式。SGSN通过GS接口和MSC配合完成对MS的移动性管理功能，SGSN传送位置信息到MSC，接收从MSC来的寻呼信息。

Gs接口为SGSN与MSC/VLR之间的接口，Gs接口用于SGSN与MSC/VLR配合实现诸如联合位置更新、经由GPRS进行CS寻呼等功能，开放Gs接口可以减少信令负荷，特别是保证类型B的移动台能够在进行GPRS连接过程中得到电路域的寻呼信息等。

②3G接口：3G是第三代移动通信技术，是指支持高速数据传输的蜂窝移动通讯技术。3G服务能够同时传送声音及数据信息，速率一般在几百kbps以上。3G是指将无线通信与国际互联网等多媒体通信结合的新一代移动通信系统，目前3G存在3种标准：CDMA2000、WCDMA、TD-SCDMA。3G网络与GPRS网络有很大相似之处，略有区别。首先，伴随技术的发展，空中接口随之改变。之前网络结构中的Um空中接口换成了Uu接口，而接入网与核心网接口也换成了Iu口；然后，在接入网方面，不再包含BTS（基站）和BSC（基站控制器），取而代之的是基站NodeB与无线网络控制器RNC（Radio Network Controller）。

UE（User Equipment/用户设备）通过Uu接口接入到WCDMA系统的固定网络部分，Uu接口是WCDMA系统中最重要的接口，Uu接口是UE和NODE B之间的接口。Uu接口的用户平面主要传输用户数据；控制平面传输相关信令，建立、重新配置和释放各种3G移动通信无线承载业务。其主要功能有：①广播寻呼以及RRC连接的处理；②切换和功率控制的判决执行；③

处理无线资源的管理和控制信息；④处理基带和射频处理信息。

Uu接口从协议的角度可分为以下三个协议层：物理层（L1）、数据链路层（L2）和网络层（L3）。L2层包括媒质接入控制（MAC）、无线链路控制（RLC）、分组数据聚合协议（PDCP）和广播/多播控制（BMC）；L3层包括无线资源控制（RRC）、移动性管理（MM）和连接管理（CM）。

三、河蟹池塘智能化养殖物联网应用层设计

1. 河蟹池塘智能化养殖物联网应用层总体概述 物联网应用层是面向用户的终端系统。在这个层面里，是把从感知层采集并预处理的数据等各种信息通过INTERNET网、2G或3G等移动互联网、有线数字集群等接口转换并传输到终端机（包括本地终端、远程终端、客户终端、便携式移动终端等）进行分析、建模，形成人们所需要的信息，并传输到前台界面上。在河蟹池塘智能化养殖物联网系统中，终端是一个非常重要的组成部分，它属于管理信息系统（MIS）的范畴。管理信息系统是由人和计算机网络集成，能够提供物联网管理所需信息以支持物联网的运行和决策的人机系统。在该系统中各类终端分为移动终端和固定终端。移动终端采用移动互联方式传输，包括手机、PDA等，可支持主流的手机操作系统有Andriod、iOS、WP7等。Andriod操作系统是目前移动互联最普及的操作系统；iOS是面向苹果手机的高端操作系统；WP7操作系统是由微软开发的。固定终端包括本地终端、远程终端和客户终端。本地终端便于底层生产者监测控制，并且它采用WSN局域网，不经过移动互联网传输，可靠性好；远程终端及固定客户终端都是采用Internet、广电网、有线数字集群等公网传输，受公网影响较大，稳定性稍差，其实现技术一般推荐采用Java结合SQL Server2000、SQL Server2005、SQL Server2008、MySQL或Oracle等，也可以采用ASP. NET、Flex结合SQL Server2000、SQL Server2005、SQL Server2008、MySQL或Oracle等。各类终端可针对不同的用户设置使用权限，如既可观察数据和状态，又可发送控制指令，或者只可观察数据和状态，但不可发送控制指令。

物联网应用层，主要包括服务支撑层和应用子集层。服务支撑层的主要功能是根据底层采集的数据，形成与业务需求相适应、实时更新的动态数据资源库。具体来说，应用层包括物联网中间件和物联网应用，物联网中间件是一种独立的系统软件或服务程序，中间件将许多可以公用的能力进行统一封装，提

供给物联网应用使用，并且是为物联网应用提供计算、分析、转换等信息处理的通用基础服务设施、能力及资源调用接口，以此为基础实现物联网在众多领域中的应用。物联网应用就是用户直接使用的各种应用，如开关指令操控、数据采集设置、控制参数门限设定、数据表格生成、数据曲线绘制、历史数据生成、历史曲线绘制，等等。应用层提供的是具体的服务。在河蟹池塘智能化养殖物联网应用层中，主要包括河蟹池塘智能化养殖物联网监控终端数据管理子系统、河蟹池塘智能化养殖产品质量安全溯源物联网终端数据管理子系统和河蟹池塘智能化养殖物联网终端智能决策子系统等。

2. 河蟹池塘智能化养殖物联网监控终端数据管理子系统　河蟹池塘智能化养殖物联网监控终端，分为本地监控终端和远程监控终端。本地监控终端和远程监控终端都可以通过串口与网络基站进行通信交互，获取养殖池塘溶解氧、水温、pH、氨氮、总磷、总氮、亚硝酸盐、高锰酸盐等标量参数数据信息和包括无线控制终端、电控箱以及空气压缩机、增氧机、水泵、投饵机等各种水质调控设备的执行状态信息，并向这些水质调控设备发出控制指令。

一个优秀的软件应用系统，应结构层次清晰、任务分工明确、功能模块间耦合度低等，因此，选择一种合适的软件架构对于系统软件质量的提升有着不可或缺的帮助。软件架构是指在一定的设计原则基础上，从不同角度对组成系统的各个部分进行搭配和安排，形成系统的多个结构而组成架构。为了减低终端数据管理系统各功能模块的耦合度，以及考虑到系统今后维护和扩展，河蟹池塘智能化养殖物联网各监控终端数据管理系统采用当今软件体系架构中最流行、最常见的分层设计思想，其目的就是为了实现软件的“高内聚、低耦合”。因此，笔者推荐系统采用基于B/S模式的三层架构进行系统设计。该设计将整个应用系统分为三层：表示层、业务逻辑层和数据访问层。层与层之间向下依赖，并以面向接口的编程方式实现。三层架构体系结构是面向对象的设计思想发展中的必然产物。三层架构模式由三部分组成：多浏览器、单Web服务器和多数据服务器。三层架构模式将数据与呈现完美的表示层分离开来，使得可以用较少的资源建立起具有很强伸缩性的系统。技术实现采用J2EE体系结构。J2EE为应用Java技术开发服务器端应用提供一个平台独立的、可移植的、多用户的、安全的和基于标准的企业级平台。

（1）*表示层设计*　表示层设计即系统用户界面设计。界面的外观经常是最先被用户注意到的，用户对界面的第一印象与界面外观是否友好密切相关。因此，界面设计的人性化、易用性是界面设计的核心。界面设计一般遵循以用户为中心原则、简洁明确原则、明确导航设计原则、兼顾不同浏览器原则等几项原则。河蟹池塘智能化养殖物联网远程监控终端数据管理子系统表示层负责直接跟用户交互，用于数据录入、数据显示、状态显示、指令发送、参数转换与改变以及客户端的验证与处理等，并针对用户的请求去调用业务逻辑层的功能。河蟹池塘智能化养殖物联网远程监控终端数据管理子系统表示层，可选择采用ASP、JSP、PHP等脚本语言，结合Servlet技术以及Ajax技术等实现。

（2）*业务逻辑层设计* 业务逻辑层在一个体系结构中的位置非常重要，位于表示层和数据访问层的中间位置，在数据交换中起着承上启下的作用。在三层体系结构中，表示层和数据访问层之间的通信，也只能借助一个中间层才能通信，所以，业务逻辑层扮演着两个角色：与表示层之间是被调用的关系，与数据访问层之间是调用的关系。一个系统的业务逻辑的实现方式有Transaction Script、Domain Model和Table Model三种模型。Transaction Script模型，即事务脚本模型，是一种面向过程的开发模式；Domain Model模型，即领域模型，它是采用面向对象的方式来分析和设计系统的业务逻辑，充分利用面向对象的继承、封装和多态的特性，处理系统中复杂多变的业务逻辑，以提高系统的可扩展性和复用性；Table Model模型，即表模型，也是面向对象设计的思想，但它获得的对象是DataSet对象，而非单纯的领域对象。河蟹池塘智能化养殖物联网远程监控终端数据管理系统的业务逻辑层，主要可针对表示层提交的请求，进行逻辑处理。在业务逻辑层中，有两种类型的业务：一个是基本的业务功能层；一个是业务流程层。业务流程层主要是将基本业务功能层提供的多个基本业务功能组织成一个完整的业务流，事务的开启也只能在业务流层中实现。业务逻辑模块主要采用JavaBean和Java类实现。

（3）*数据访问层* 数据访问层即数据持久化层。数据的持久化，就是将内存中的数据模型转化为存储模型，以及将存储模型转换为内存中的数据模型的统称。所以，数据持久化层就是专注于实现数据持久化应用领域的某个特定系统的一个逻辑层面，将数据使用者和数据实体相关联。在河蟹池塘智能化养殖物联网远程监控终端数据管理系统中，数据访问层可提供全面的资源访问功能支持，并向上层屏蔽资源的来源。在数据访问层中包含ORM子层、Relation子层、DB Adapter子层。DB Adapter子层负责屏蔽数据类型的差异，ORM子层负责对象关系映射功能，Relation子层提供ORM无法完成的基于关系的数据访问功能。对象关系映射技术（Object/Relation）是目前最流行的数据持久化技术，而Hibernate是开源的ORM对象关系映射框架。河蟹池塘智能化养殖物联网远程监控终端数据管理系统的数据访问层采用 Hibernate 框架作为数据连接第三方中间件，层与层之间向下依赖，以一种面向接口的编程方式实现。

3. 河蟹池塘智能化养殖产品质量安全溯源物联网终端数据管理子系统

水产品溯源制度，是水产品质量安全管理的一个重要手段。由于现代水产品养殖、生产等环节繁复，加工程序多、配料多，水产品流通进销渠道复杂，因此，水产品养殖、生产、加工、包装、储运、销售等环节可能引起水产品卫生安全问题的概率较大。为此，提出了水产品安全溯源体系的概念。所谓水产品安全溯源体系，是指在水产品产供销的各个环节（包括养殖、生产、加工、包装、储运和销售与餐饮服务等）中，水产品质量安全及其相关信息能够被顺向追踪（生产源头→消费终端）或者逆向回溯（消费终端→生产源头），从而使水产品的整个生产经营活动始终处于有效监控之中。该机制是将从源头到餐桌与水产品质量相关的信息记录下来，以克服信息的不对称性，便于管理者监管，消费者也可以查询。

国内现行的水产品安全溯源技术大致有三种：一种是 RFID 无线射频技术，在水产品包装上加贴一个带芯片的标识，水产品进出仓库和运输就可以自动采集和读取相关的信息，水产品的流向都可以记录在芯片上；一种是二维码，消费者只需要通过带摄像头的手机拍摄二维码，就能查询到水产品的相关信息，查询的记录都会保留在系统内，一旦水产品需要召回就可以直接发送短信给消费者，实现精准召回；还有一种是条码加上水产品批次信息（如生产日期、生产时间、批号等），采用这种方式，水产品生产企业基本不增加生产成本。

RFID 技术前面已经介绍过了，下面详细介绍一下二维码。二维码（Two-dimensional code），又称二维条码，它是用特定的几何图形按一定规律在平面（二维方向）上分布的黑白相间的图形，是所有信息数据的一把钥匙。在现代商业活动中，可实现的应用十分广泛，如：产品防伪/溯源、网站链接、数据下载、商品交易、定位/导航、电子凭证、车辆管理、信息传递、名片交流、WIFI 共享等。如今智能手机的扫描功能，使得二维码的应用更加普遍。

二维码在代码编制上巧妙地利用构成计算机内部逻辑基础的“0”、“1”比特流的概念，使用若干个与二进制相对应的几何形体来表示文字数值信息，通过图像输入设备或光电扫描设备自动识读以实现信息自动处理。在许多种类的二维条码中，常用的码制有 Data Matrix，MaxiCode，Aztec，QR Code，Ultracode，Code 49 和 Code 16K 等，每种码制有其特定的字符集，每个字符占有一定的宽度，具有一定的校验功能等。同时还具有对不同行的信息自动识别功能及处理图形旋转变化等特点。

针对河蟹池塘智能化养殖物联网系统，为了方便管理者监管和消费者查询，目前较为普遍的河蟹池塘智能化养殖产品质量安全溯源物联网终端数据管理系统是采用基于B/S架构的，用户不需要安装任何软件，就可以在浏览器中输入URL，也可以通过具有水产品质量安全溯源功能的各类终端进入主界面，与服务器端的数据进行交互操作，获取河蟹的产品质量安全溯源信息。河蟹池塘智能化养殖产品质量安全溯源物联网终端数据管理系统框架如图10-24所示，河蟹质量安全溯源管理系统，包括河蟹基本信息管理、河蟹养殖环境信息管理、河蟹生长信息管理、河蟹饲养投饵信息管理、河蟹疾病预防药品信息管理等。河蟹基本信息管理记录了河蟹的类型、出生时间和生产地，并给每个河蟹进行了唯一标识管理；河蟹养殖环境信息管理主要是记录河蟹生长的水质环境，包括溶解氧、水温、pH、氨氮、总磷、总氮、亚硝酸盐、高锰酸盐等参数信息；河蟹生长信息管理主要是每隔一段时间就会对河蟹的生长信息进行记录，包括河蟹的体型、体重、个头、状态等信息；河蟹饲养投饵信息管理，主要包括河蟹食用饲料的来源、饲料所含营养元素是否合格、河蟹每个时期每天投饵次数和投饵量等信息记录；河蟹疾病预防药品信息管理，主要是记录河蟹生病信息及其治疗信息，食用药品品种及来源，还有河蟹池塘消毒药品、药品来源和消毒时间等信息。这些信息消费者都可以查到，保证消费者吃得放心。同时，河蟹池塘智能化养殖产品质量安全溯源物联网终端数据管理子系统与河蟹池塘智能化养殖物联网远程监控终端数据管理子系统所采集到的实时数据和历史数据贯通并互补融合，大幅度提升河蟹池塘智能化养殖产品质量安全溯源物联网数据管理的质量和河蟹消费者对系统质量安全溯源管理的可信度。此外，河蟹质量安全溯源管理系统的引入，也会大大提高河蟹的销售量，带来的是河蟹生产者、经营销售、消费者等的共赢（图10-10）。

河蟹池塘智能化养殖产品质量安全溯源物联网终端数据管理子系统与河蟹池塘智能化养殖物联网远程监控终端数据管理子系统一样，采用多层架构设计，也包括数据库服务层、系统支持层和应用层等。数据库服务层主要实现信息资源的整合、共享和统一管理，为业务流、信息流和知识流的一体化集成提供数据基础，为安全管理和溯源提供信息服务。数据服务层分系统数据、业务基础数据和应用数据3个层次。系统数据是整个系统的系统管理数据，以保障系统正常运行，如用户数据、权限数据等；业务基础数据是农产品流通各个环节的工作流程数据、流程档案信息等，包括企业信息、产品信息、生产信息、

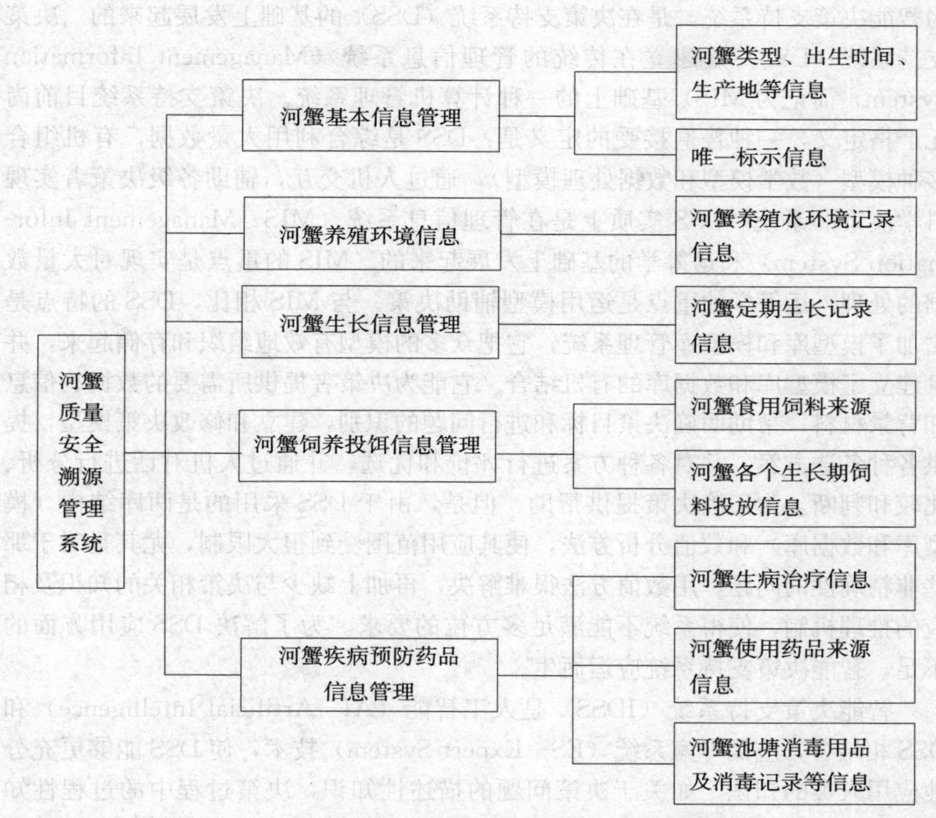

图 10-10　河蟹安全溯源物联网终端数据管理子系统框架

加工信息、投入品信息等；应用数据主要是用户对基础信息进行应用操作。系统支持层应用于网络平台和数据资源层之上，提供公用和基础性的软件服务，包括即时消息、统计分析、工作流引擎、搜索引擎、报表服务、编码引擎和权限管理等基础支撑系统。这些系统涉及信息流业务流的统一管理和应用服务，独立于具体的领域应用，避免重复开发造成的浪费。应用层建立在网络平台、数据层和支撑层之上的安全管理及溯源系统，实现河蟹溯源安全管理系统的各个功能，包括信息编码管理、信息审核管理、安全档案管理、溯源条码打印和信息溯源查询等功能，通过用户接口为不同的用户提供信息查询和交互服务，并通过信息采集传输网关实现安全档案数据采集和各个环节数据传输与共享。

4. 河蟹池塘智能化养殖物联网终端智能决策子系统　智能决策系统亦称

为智能决策支持系统，是在决策支持系统（DSS）的基础上发展起来的。决策支持系统（DSS）是建立在传统的管理信息系统（Management Information System，简记为 MIS）基础上的一种计算机管理系统。决策支持系统目前尚无严格定义，一种普遍接受的定义是：DSS 是综合利用大量数据，有机组合多种模型（数学模型和数据处理模型），通过人机交互，辅助各级决策者实现科学决策的系统。DSS 实质上是在管理信息系统（MIS—Management Information System）和运筹学的基础上发展起来的。MIS 的重点是实现对大量数据的处理，运筹学的重点是运用模型辅助决策。与 MIS 相比，DSS 的特点是增加了模型库和模型库管理系统，它把众多的模型有效地组织和存储起来，并且建立了模型库和数据库的有机结合。它能为决策者提供所需要的数据、信息和背景材料，帮助明确决策目标和进行问题的识别，建立和修改决策模型，提供各种备选方案，并对各种方案进行评价和优选，并通过人机对话进行分析、比较和判断，为正确决策提供帮助。但是，由于 DSS 采用的是两库结构（模型库和数据库）和数值分析方法，使其应用范围受到很大限制，尤其是对于那些非精确性的问题，用数值方法很难解决，再加上缺少与决策相关的知识及相应的推理机制，使得系统不能满足多方位的要求。为了解决 DSS 应用方面的不足，智能决策支持系统应运而生。

智能决策支持系统（IDSS）是人工智能（AI—Artificial Intelligence）和 DSS 相结合，应用专家系统（ES—Expert System）技术，使 DSS 能够更充分地应用人类的知识，如关于决策问题的描述性知识，决策过程中的过程性知识，求解问题的推理性知识，通过逻辑推理来帮助解决复杂的决策问题的辅助决策系统。DSS 系统有以下三部分组成：问题处理与人机交互系统，包括语言系统和问题处理系统；模型库系统，包括模型库管理系统和模型库；数据库系统，包括数据库管理系统和数据库。IDSS 是 DSS 与 ES 的有机结合，它既充分发挥了 DSS 在数值分析方面的优势，又充分发挥了 ES 在知识及知识处理方面的特长，既可进行定量分析，又可进行定性分析，不仅能够有效地解决那些结构良好的问题，而且还能够有效地解决那些半结构化及非结构化的问题。河蟹养殖业生产是一个巨大的复杂系统，河蟹养殖业生产具有复杂多变性，河蟹养殖业生产的精确化、智能化是河蟹养殖业信息化的重要组成部分，是河蟹养殖业现代化的必然要求。如何有效地处理河蟹养殖业生产信息成为实现河蟹养殖业生产精准化、智能化的关键。基于精准河蟹养殖业决策需要和精确河蟹养殖业特点，需要确定相应的智能求解技术。智能决策技术在河蟹养殖业问题方面的求解层次如图 10-11 所示。

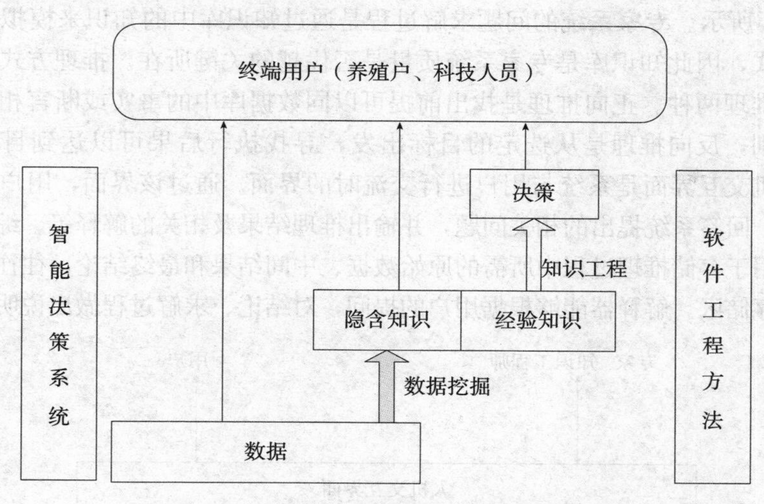

图 10-11　精准河蟹养殖业问题求解层次

专家系统是一个智能计算机程序系统，其内部含有大量的某个领域专家水平的知识与经验，能够利用人类专家的知识和解决问题的方法来处理该领域问题。也就是说，专家系统是一个具有大量的专门知识与经验的程序系统，它应用人工智能技术和计算机技术，根据某领域一个或多个专家提供的知识和经验，进行推理和判断，模拟人类专家的决策过程，以便解决那些需要人类专家处理的复杂问题。简而言之，专家系统是一种模拟人类专家解决领域问题的计算机程序系统。ES 系统也由以下三部分组成：知识库管理系统、知识库和推理机。知识库是知识库子系统的核心。知识库中存储的是那些既不能用数据表示，也不能用模型方法描述的专家知识和经验，即是决策专家的决策知识和经验知识，同时也包括一些特定问题领域的专门知识。推理是指从已知事实推出新事实（结论）的过程。推理机是一组程序，它针对用户问题去处理知识库（规则和事实）。它的原理是：若事实 M 为真，且有一规则“IF M THEN N”存在，则 N 为真。

专家系统通常由人机交互界面、知识库、推理机、解释器、综合数据库、知识获取等 6 个部分构成，其中，尤以知识库与推理机相互分离而别具特色。专家系统的体系结构随专家系统的类型、功能和规模的不同而有所差异。专家系统的基本工作流程是，用户通过人机界面回答系统的提问，推理机将用户输入的信息与知识库中各个规则的条件进行匹配，并把被匹配规则的结论存放到综合数据库中。最后，专家系统将得出最终结论呈现给用户。专家系统结构如图10-12所示。专家系统的问题求解过程是通过知识库中的知识来模拟专家的思维方式，因此知识库是专家系统质量是否优越的关键所在。推理方式有正向和反向推理两种。正向推理是找出前提可以同数据库中的事实或断言相匹配的那些规则，反向推理是从选定的目标出发，寻找执行后果可以达到目标的规则。人机交互界面是系统与用户进行交流时的界面。通过该界面，用户输入基本信息、回答系统提出的相关问题，并输出推理结果及相关的解释等。综合数据库专门用于存储推理过程中所需的原始数据、中间结果和最终结论，往往是作为暂时的存储区。解释器能够根据用户的提问，对结论、求解过程做出说明。

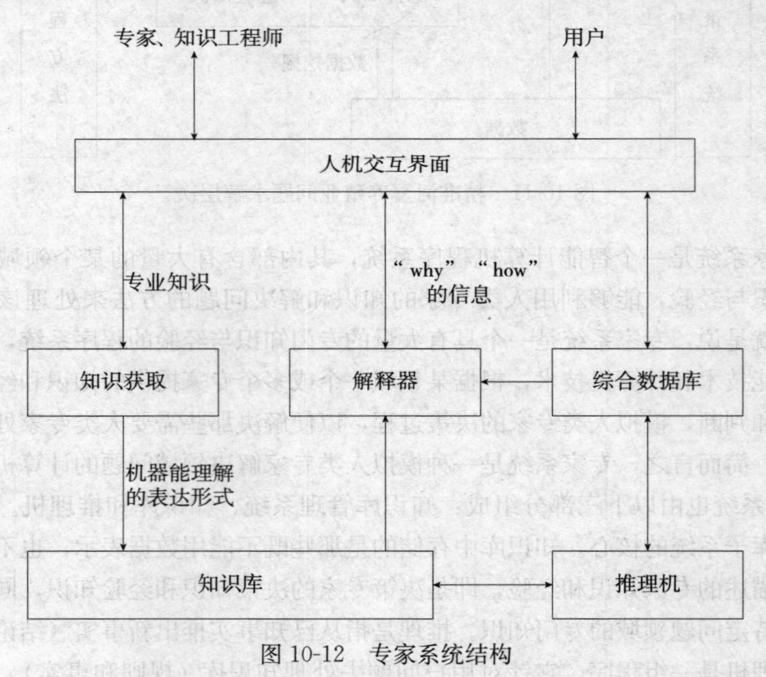

图10-12 专家系统结构

智能决策支持系统的关键技术，有数据仓库、数据开采、联机分析处理和数据挖掘等几种：

（1）数据仓库　数据仓库（Data Warehouse—DW）的概念是依曼（W. H. Inmon）于1992年提出来的。他在其《Building the Data Warehouse》一书中，将数据仓库定义为："面向主题的、集成的、不可更新的、随时间变化的数据集合，用以支持企业或组织的决策分析过程"。数据仓库所依据的主要基础是关系数据库、并行处理和分布式技术。它所解决的主要问题是信息技术发展过程中所出现的一方面拥有大量数据，另一方面有用信息却很贫乏的这种不正常现象。数据仓库是建立现代决策支持系统的基础。从 1995 年开始，数据仓库技术被广泛应用，目前已经成为继 INTERNET 之后的，在信息社会中获得企业竞争优势的又一关键技术。人们利用数据仓库的主要目的是进行决策分析，对数据库的操作也主要是数据查询。因此，各种数据源的数据一经集成进入数据仓库后就只能读取，不可以修改或更新。

数据仓库虽然是在关系型数据库的基础上发展起来的，但其结构却与关系型数据库不同。在数据仓库中，数据被分为若干个不同的层次。在数据仓库的这种结构中，当前基本数据是最近时期的业务数据，是数据仓库用户最感兴趣的部分。当前基本数据随着时间的推移，由数据仓库的时间机制将其转为历史基本数据，转存到磁带中去。在数据仓库中，轻度综合数据是从当前基本数据中提取出来的一些较有用的数据，高度综合数据是数据仓库中最精炼的一些数据，也称为准决策数据。整个数据仓库的组织结构是由元数据来实现的。元数据所包含的是数据仓库的控制数据。数据仓库主要包含三个方面的应用：信息处理、分析处理和数据挖掘。

（2）*数据开采*　知识发现是指从数据中发现有用知识的全部过程，而数据开采则是指从数据中抽取和精化新的模式。它实际上是知识发现过程中的一个步骤，其作用是搜索或产生一个特定的感兴趣的模式或一个特定的数据集。它是知识发现概念的深化，知识发现与数据开采是人工智能、机器学习与数据库相结合的产物。

从认知科学的角度看，数据开采大多采用归纳法发现知识，而在评估所发现的知识时，一般采用演绎法。因此，数据开采抽取模式的算法是归纳与演绎的结合。在数据开采中，典型的模式抽取方法有：①信息论方法，它利用信息论原理，计算数据库中各字段的信息量，建立决策树或者决策规则树的数据开采方法。这类方法在大型数据库的知识发现方面具有较好的效果；②集合论方法，它利用粗集（rough set），概念树，覆盖正例、排斥反例的数据开采方法，用于处理模糊性和不确定性；③仿生物技术，它是利用神经网络、遗传算法的数据开采技术；④公式发现，它是一种在工程和科学数据库（由实验数据组成）中，通过对若干数据项进行一定的数学运算，求得相应的数学公式的数据开采方法；⑤统计分析方法，它是一类利用统计学原理对数据库进行分析的数据开采方法；⑥模糊论方法，它是一种利用模糊集合理论对实际问题进行模糊评判、模糊决策、模糊模式识别和模糊聚类分析的数据开采方法；⑦可视化技术，借助于图形化或图像手段，清晰有效地描述、传达并与观察者沟通数据与信息。它拓宽了传统的图表功能，使用户对数据的剖析更清楚。

（3）联机分析处理　联机分析处理（OLAP）主要通过多维的方式，对数据进行分析、查询和生成报表。它主要包括多维联机分析处理（Multidimensional OLAP，简称 MOLAP)、关系型联机分析处理（Relational OLAP，简称 ROLAP)、混合型联机分析处理（Hybrid OLAP，简称 HOLAP)。MOLAP 以多维数据库为核心，以多维阵列方式来存储数据，阵列中的每个单元是由每个维的交叉点构成的，并以多维视图的方式显示数据。在 MOLAP 中，分散的各个 OLTP（联机事务处理）数据源的数据经过清洗、变换、集成加载到多维数据库中，根据维信息进行计算、合并等预处理，并按照一定的层次结构将得到的综合数据存入多维数据库中。ROLAP 以关系数据库为中心，用二维表格的形式组织数据，支持数据的多维视图，ROLAP 服务器可以将用户对数据的多维分析请求转换为 SQL 语句，并将结果以多维视图的方式提供给用户。HOLAP 是将 MOLAP 和 ROLAP 技术结合起来，既具有快速计算能力，又具有较大的灵活性。OLAP 是建立在客户/服务器结构之上的，它对来自基层的操作数据进行多维化或综合预处理，故它是一个三层的客户/服务器结构，如图 10-13 所示。

图 10-13　OLAP（联机分析处理）结构

（4）数据挖掘　数据挖掘就是从大型数据库或数据仓库中发现隐含的、用户感兴趣的知识。实际上，它是根据所要处理数据的特征以及用户和实际运行系统的要求，确定数据挖掘的任务和目标，选择数据挖掘算法，实施数据挖掘操作，获取有用的知识。由数据挖掘得到的知识主要有规则、决策树、基于实例的表达和公式等表示形式。规则是一个条件语句，有前提条件和结论两部分组成：一个规则的前提条件由属性取值的合取和析取组合而成，结论由属性的取值组成；决策树是一种基于知识表示的树，用于表示分类规则。决策树的叶节点代表类编号，其他结点代表与分类对象相关联的属性；基于实例的知识表示方法使用实例本身来表达学到的知识，这种方法直接在实例上操作，而不是建立规则或决策树。

数据挖掘的主要方法有朴素贝叶斯分类、决策树分类、关联规则挖掘等。

朴素贝叶斯分类是目前公认的一个简单而有效的分类器，是由贝叶斯理论发展而来的。简而言之就是：对于给出的待分类项，求解在此项出现的条件下各个类别出现的概率，哪个最大，就认为此待分类项属于哪个类别。决策树分类是解决分类问题的一个最有效方法。利用决策树方法进行分类主要包含两个过程：一是利用训练数据集构造一颗决策树，二是对数据集中的每个样本，应用创建的决策树产生一个分类。决策树的构建是一个自上而下、分而治之的归纳过程。关联规则挖掘用于发现大量数据中项集之间的关联或相关关系。关联规则的挖掘也分为两个步骤：一是找出所有的频繁项集，二是由频繁项集产生强关联规则，这些规则必须满足最小支持度和最小可置度。精准河蟹养殖业决策需求与智能决策技术的结合如图 10-14 所示。

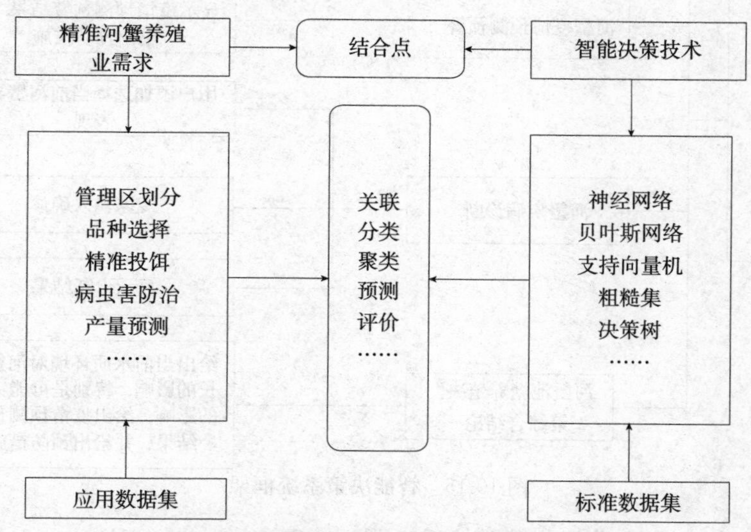

图 10-14　精准河蟹养殖业决策需求与智能决策技术的结合

目前，河蟹池塘养殖中影响河蟹生长的主要因素是池塘水质环境和疾病预防。因此，河蟹池塘智能化养殖物联网终端智能决策系统的主要功能就是预测和控制河蟹池塘养殖的水质环境以及河蟹疾病的预防和控制。为了方便管理者监管以及用户和专家进行交流查看，目前较为普遍的河蟹池塘智能化养殖产物联网终端智能决策系统系统也是采用基于 B/S 模式的多层架构，也包括数据库服务层、系统支持层和应用层等。不过这里的数据库与前面的河蟹池塘智能化养殖物联网监控终端数据管理子系统和河蟹池塘智能化养殖产品质量安全溯源物联网终端数据管理子系统的数据库有所不同，其内容更加全面。目前智能决策支持系统常采用的结构是思考结构形式，包括数据库、方法库、模型库和知识库。数据库用于存储原始数据、预处理后的数据等；方法库用于存放构造模型所需要的算法等；模型库用于存储根据实际需求所构造的模型；知识库用于存储的是那些既不能用数据表示，也不能用模型方法描述的专家知识和经验。河蟹池塘智能化养殖物联网终端智能决策系统框架如图 10-15 所示。

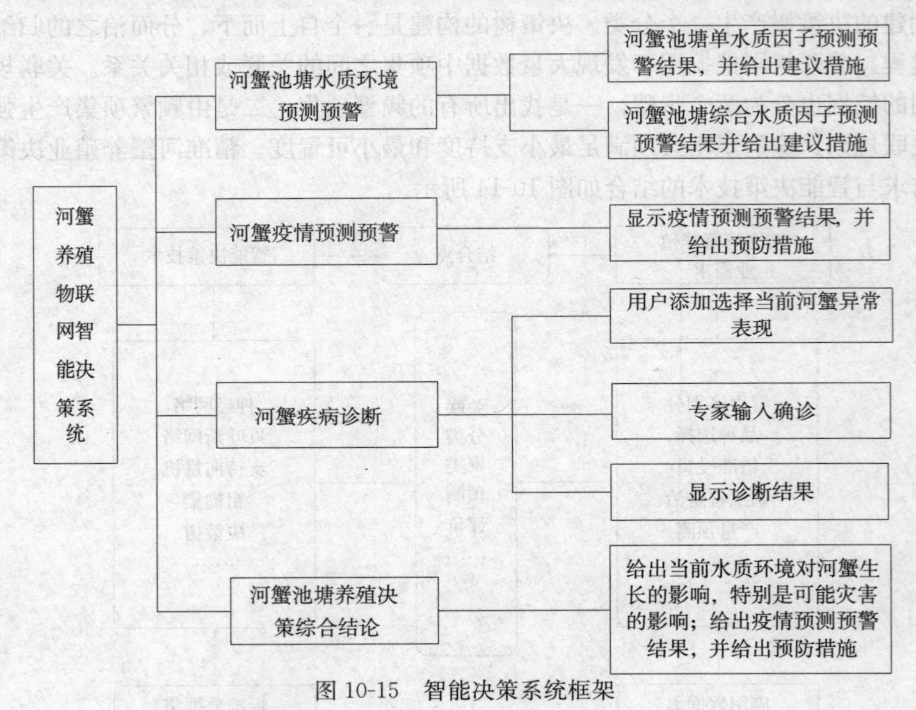

图 10-15 智能决策系统框架

四、河蟹池塘智能化养殖物联网系统典型应用成功案例简介

由南京英埃格传感网络科技有限公司与东南大学智能网络与测控系统研究所合作的，采用本章所阐述的方案、技术和产品，已成功完成多项河蟹池塘智能化养殖物联网系统的工程实施，受到了用户的好评，其中，最为典型的是江苏省金坛市长荡湖省级现代高效河蟹产业园的河蟹池塘智能化养殖物联网系统。

1. 项目工程方案 江苏省金坛市长荡湖省级现代高效河蟹产业园位于金坛市长荡湖下游儒林镇北干河两侧，规划面积 1.1 万亩，核心区水面 8 586 亩。其中，包括池塘养殖区 5 586 亩（含河蟹良种培育 586 亩）。产业园区核心河蟹养殖池塘共有 8 个，我们按用户要求，对所有 8 个核心河蟹养殖池塘进行视频监控，而标量监控重点检测其中 2 个池塘的水质状况，包括溶解氧、水温、pH、氨氮、总磷、总氮、亚硝酸盐和高锰酸盐等标量参数信息。在河蟹池塘智能化养殖物联网系统中，由于河蟹养殖环境复杂、区域面积大等情况，为适应河蟹养殖现场环境的特点，我们采用多点分布式数据采集，而标量监控感知层采用 433MHz 无线传感器网络方案，其物联网系统方案如图 10-16 所示。系统中标量

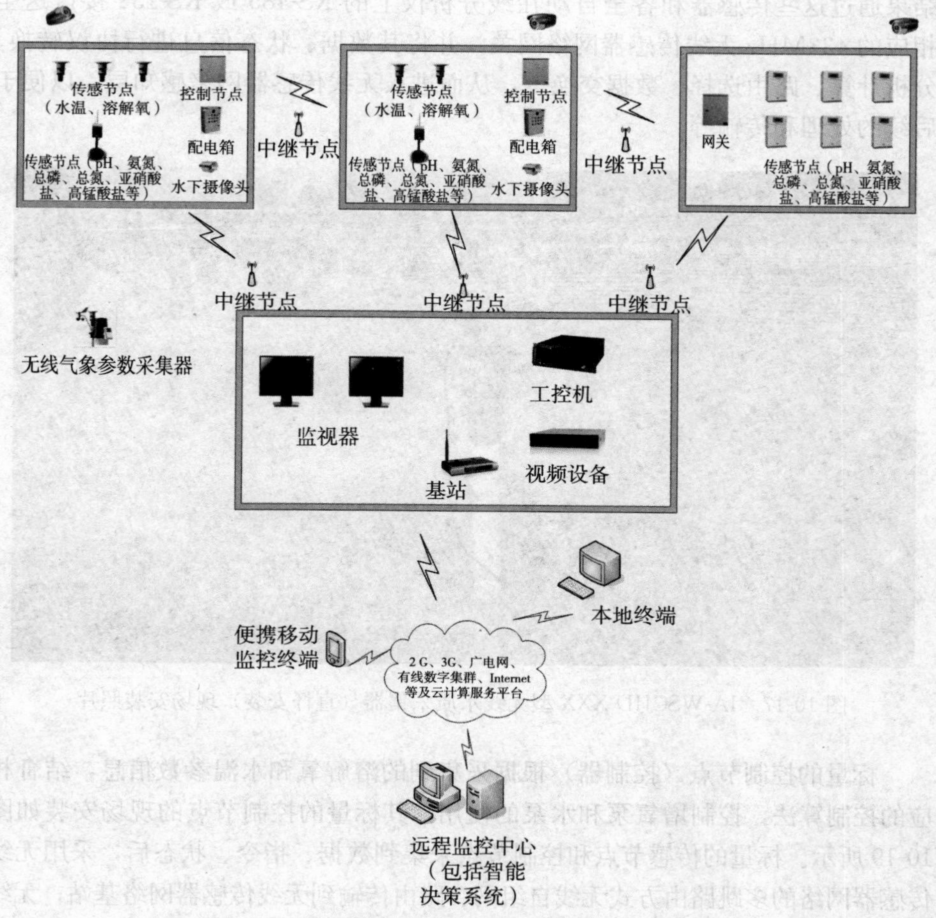

图 10-16　金坛市长荡湖省级现代高效河蟹产业园
河蟹池塘智能化养殖物联网系统方案

采集的感知层传感节点（数据采集器）分为两类：一类用来获取池塘水质温度和溶解氧含量，其采集器的现场安装如图10-17和图10-18所示；一类用来获取池塘水质中的pH、氨氮、总磷、总氮、亚硝酸盐和高锰酸盐等的含量。它们的做法是，在产业园安装pH传感器、氨氮全自动在线分析仪、总磷全自动在线分析仪、亚硝酸盐全自动在线分析仪、高锰酸盐全自动在线分析仪1套，通过管道和相应的水泵采用时分复用的方法抽取各河蟹养殖池塘的样本水，并将其送入pH传感器和各全自动在线分析仪进行分析处理，然后将其分析处理结果通过这些传感器和各全自动在线分析仪上的RS-485或RS-232接口送至相应的433MHz无线传感器网络网关，并将其数据、状态信息进行协议转换、分析计算、路由选择、数据交换等，从而进入无线传感器网络感知层，以便于后续的处理和传输等。

图10-17　IA-WSCJJD-XXX型无线水质采集器（直杆安装）现场安装照片

标量的控制节点（控制器）根据采集到的溶解氧和水温参数信息，结合相应的控制算法，控制增氧泵和水泵的使用，其标量的控制节点的现场安装如图10-19所示。标量的传感节点和控制节点采集到数据、指令、状态后，采用无线传感器网络的多跳路由方式无线自组网、路由传输到无线传感器网络基站；无线传感器网络基站处理及存储网络数据，并根据养殖池塘环境参数启动增氧泵、抽水泵等设备对池塘环境进行自动调节；无线传感器网络基站又与本地监控终端或

图 10-18　IA-WSCJJD-XXX 型无线水质采集器（浮漂安装）现场安装照片

图 10-19　IA-WKZJD-XXX 型无线控制器现场安装照片

远程监控终端进行通信交互，各监控终端向用户实时提供监测数据以及执行装置的工作状况。用户还能通过监控终端远程，控制监控现场执行装置的工作。

该河蟹池塘智能化养殖物联网系统利用了无线传感器网络技术、RFID 溯源技术、先进传感技术、嵌入式计算技术、智能信息处理技术、智能控制技术、Internet 技术、移动互联技术、先进多媒体技术、先进数据库技术和智能决策技术，集数据、图像实时采集、无线传输、智能处理、智能控制和预测预警信息发布、安全溯源、辅助决策等功能于一体，实现现场及远程系统数据获取、报警控制和设备控制，对水产养殖环境进行实时监控并进行相应的处理，大大改善水产生活环境，以便河蟹更好的生长。养殖户既可以通过本地终端，也可以通过手机或固定远程终端实时监测和控制养殖塘内各项参数和启闭设备，真正实现了水产养殖技术的网络化、信息化和智能化。

2. 项目实施结果及分析 江苏省金坛市长荡湖省级现代高效河蟹产业园的河蟹池塘智能化养殖物联网系统从 2012 年 8 月建成并开始运行，到现在已有两年多时间，系统一直运行良好，获得了用户的好评。江苏省金坛市长荡湖省级现代高效河蟹产业园的河蟹池塘智能化养殖物联网系统的数据及状态运行情况，通过各类监控终端得到体现。监控终端包括视频监控终端和标量数据监控终端，其中，标量数据固定监控终端的数据管理系统包括用户登录设置、自动地理定位、监控区域选择、养殖池塘选择、监控数据操作等五大模块，如图 10-20 所示。

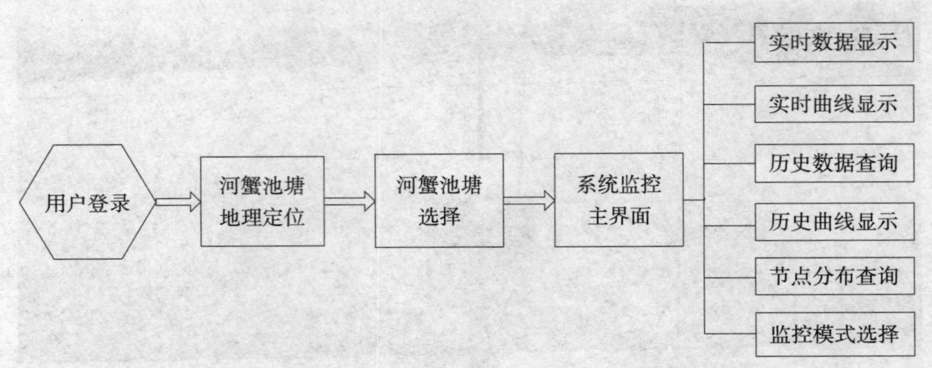

图 10-20 河蟹池塘智能化养殖物联网标量数据固定监控终端框图

（1）用户登录设置 本河蟹池塘智能化养殖物联网标量数据固定监控终端有两种用户：一种是普通用户；一种是系统管理员用户。在浏览器的地址栏中输入服务域名，就会进入监控终端数据管理系统的用户登录界面。用户在系统登录界面输入用户名和密码之后，点击登录按钮，系统会调用业务逻辑层去访问数据访问层。在此层中，采用 Hibernate 框架实现用户权限的验证，系统根据用户名和密码判断用户是普通用户还是系统管理员用户，然后就可以进行相应的权限操作。普通用户除了一些特定功能不能访问，其他功能均可访问，系统管理员用户可访问所有功能。

（2）自动地理定位　本河蟹池塘智能化养殖物联网标量数据固定监控终端的自动地理定位是采用google公司提供的GoogleMap API对监控区域进行地理定位，如最基本的设置地图的经纬度、地图类型、放大级别等。选择所要查看的监控区域后，单击图片，就会对该监控区域进行自动地理定位。点击地图上的小图标后，就会弹出显示监控区域详细信息的小方框，包括养殖户、养殖品种和养殖基地等。

（3）监控区域选择　本河蟹池塘智能化养殖物联网标量数据固定监控终端的监控区域选择，主要是考虑到系统可采用分区域管理。用户可在此功能页面上选择要查看的监控区域。将鼠标放入代表监控区域的小图标上，可以弹出一个信息提示框：监控区域名称、养殖产品以及此监控区域的养殖基地。

（4）养殖池塘号选择　本河蟹池塘智能化养殖物联网标量数据固定监控终端的养殖池塘号选择页面采用了JavaScript编写的图片轮播器，每隔5秒，图片就会自动进行轮播，也可以手动快速选择养殖池塘号。

（5）实时监控页面　本河蟹池塘智能化养殖物联网标量数据固定监控终端的实时监控画面，主要是用来实时的显示池塘水质状况，包括溶解氧、水温、氨氮、总磷、总氮、亚硝酸盐和高锰酸盐等的含量，以及水质控制设备（包括无线控制终端、电控箱以及空气压缩机、增氧机、循环泵等各种水质调控设备）的状态。根据系统的功能分析，本河蟹池塘智能化养殖物联网标量数据固定监控终端的实时监控画面主要包括六个功能模块：实时数据显示、历史数据查询、实时曲线显示、历史曲线查询、监控模式选择和节点分布查询。

①实时数据显示：界面在实时监控页面打开的1秒后，就会将获得的数据显示在实时表格中。实时数据显示界面主要是以表格的形式，显示当前河蟹养殖池塘中的水质状况以及水质控制设备（包括无线控制终端、电控箱以及空气压缩机、增氧机、循环泵等各种水质调控设备）的开启状态，如图10-21所示。

②历史数据查询：查询一段历史时间范围内的数据。在实时监控画面里，点击左侧导航菜单里的“历史数据查询”按钮，就会弹出历史数据查询界面，如图10-22所示。在历史数据查询界面，选择好查询参数和查询时间后，其将以分页表格数据的形式呈现。

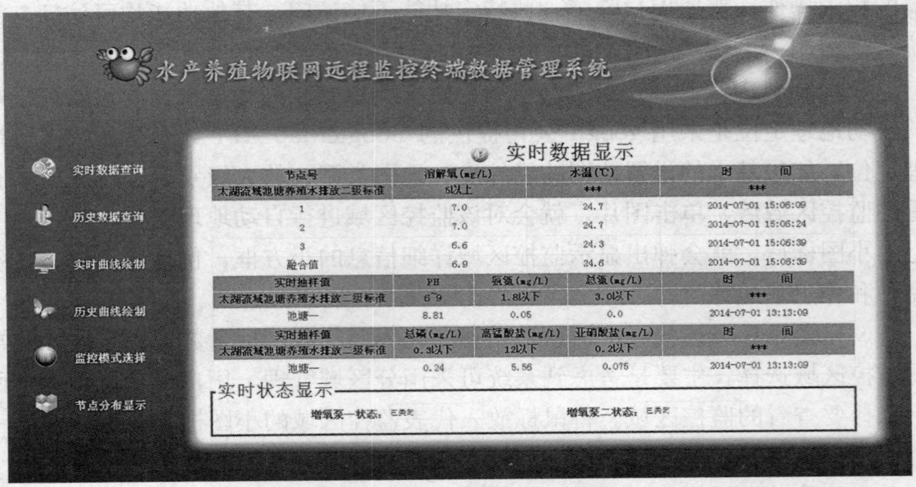

水产养殖物联网远程监控终端数据管理系统

实时数据查询
历史数据查询
实时曲线绘制
历史曲线绘制
监控模式选择
节点分布显示

实时数据显示

节点号	溶解氧(mg/L)	水温(℃)	时间
太湖流域池塘养殖水排放二级标准	5以上	***	***
1	7.0	24.7	2014-07-01 15:06:09
2	7.0	24.7	2014-07-01 15:06:24
3	6.6	24.3	2014-07-01 15:06:39
融合值	6.9	24.6	2014-07-01 15:06:39

实时抽样值	PH	氨氮(mg/L)	总氮(mg/L)	时间
太湖流域池塘养殖水排放二级标准	6~9	1.8以下	3.0以下	***
池塘一	8.81	0.05	0.0	2014-07-01 13:13:09

实时抽样值	总磷(mg/L)	高锰酸盐(mg/L)	亚硝酸盐(mg/L)	时间
太湖流域池塘养殖水排放二级标准	0.3以下	12以下	0.2以下	***
池塘一	0.24	5.56	0.075	2014-07-01 13:13:09

实时状态显示

增氧泵一状态：　增氧泵二状态：

图 10-21　实时数据显示界面

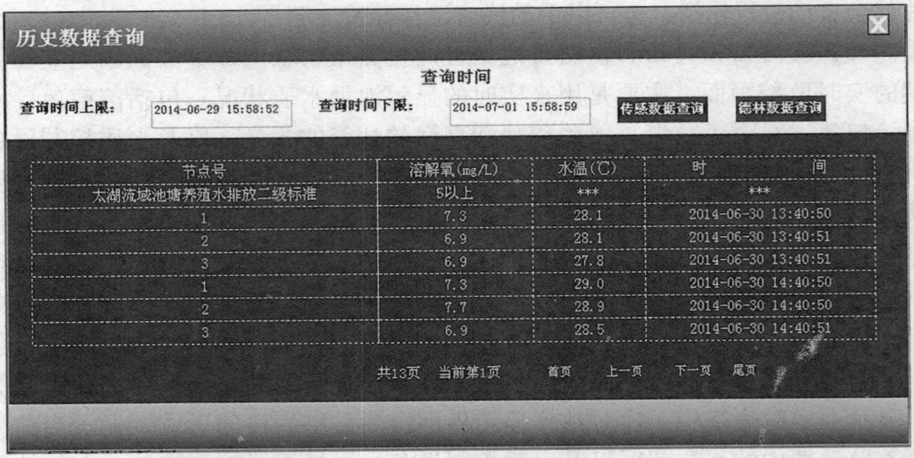

历史数据查询

查询时间

查询时间上限：2014-06-29 15:58:52　查询时间下限：2014-07-01 15:58:59　传感数据查询　德林数据查询

节点号	溶解氧(mg/L)	水温(℃)	时间
太湖流域池塘养殖水排放二级标准	5以上	***	***
1	7.3	28.1	2014-06-30 13:40:50
2	6.9	28.1	2014-06-30 13:40:51
3	6.9	27.8	2014-06-30 13:40:51
1	7.3	29.0	2014-06-30 14:40:50
2	7.7	28.9	2014-06-30 14:40:50
3	6.9	28.5	2014-06-30 14:40:51

共13页　当前第1页　首页　上一页　下一页　尾页

图 10-22　历史数据查询界面

③实时曲线显示：界面是以二维曲线的形式直观反映当前河蟹养殖池塘中的水质环境参数，包括溶解氧、水温、氨氮、总磷、总氮、亚硝酸盐和高锰酸盐等各个参数的变化趋势图。在实时监控画面里，点击左侧导航菜单里的“实时曲线绘制”按钮，就会弹出实时曲线绘制框，如图 10-23 所示。在实时曲线绘制界面里，选择好查询参数，点击“执行”按钮，就会绘制出该参数的实时

曲线。

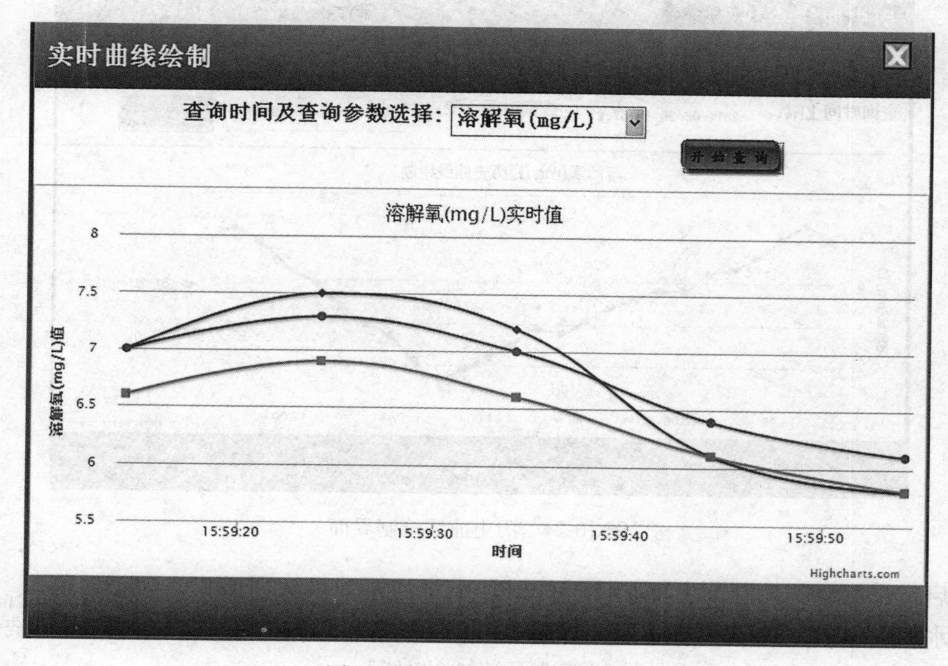

图 10-23　实时曲线绘制界面

④历史曲线查询：绘制一段历史时间内的某一个参数的曲线图。它也是以二维曲线的形式直观反映某一个河蟹养殖池塘中的水质环境参数的历史变化趋势，在实时监控画面里，点击左侧导航菜单里的"历史曲线查询"按钮，就会弹出历史曲线查询界面，如图 10-24 所示。在历史曲线绘制界面里，选择好查询参数和查询时间，点击"执行"按钮，就会绘制出该参数的历史曲线。

⑤监控模式选择：河蟹池塘智能化养殖物联网标量数据固定监控终端的监控模式选择部分。在实时监控画面里，点击左侧导航菜单里的"监控模式选择"按钮，就会弹出监控模式选择界面，如图 10-25 所示。它分为：自动控制、手动控制、采集时间控制和清洗泵清洗时间选择四个方面。自动控制，主要是控制池塘水质中的溶解氧含量的上下限，当我们实际测得的水中溶解氧的含量不在该范围内时，池塘中的自动控制设备就会自动启停以调节增氧设备的运行，以达到改善水中溶解氧的含量适合河蟹生长的需求；手动控制，主要是根据人为的特殊要求，通过人为点击相关按钮以发出指令而控制增氧泵的开

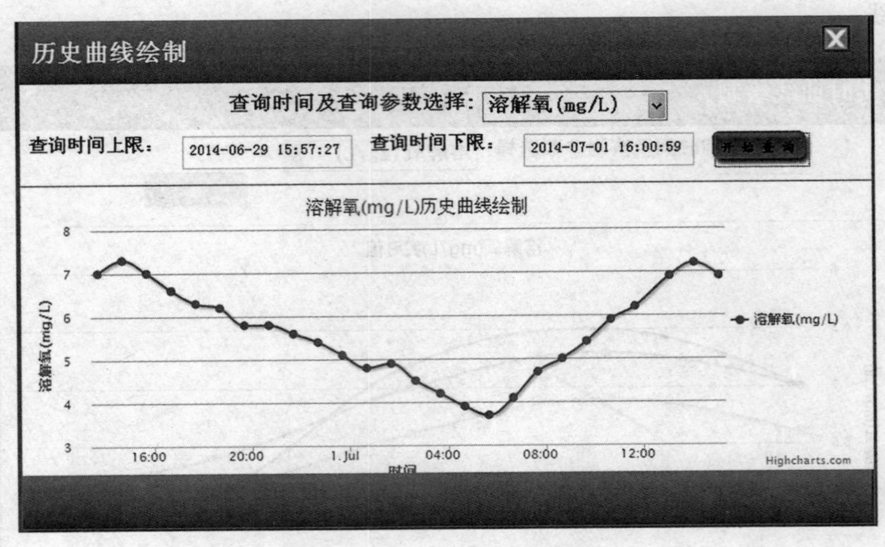

图 10-24　历史曲线绘制界面

启；采集时间控制，主要是控制传感器采集河蟹池塘水质因素，包括溶解氧、水温、氨氮、总磷、总氮、亚硝酸盐和高锰酸盐等参数的采集时间间隔；清洗泵清洗时间选择，主要是控制清洗泵清洗的时间。

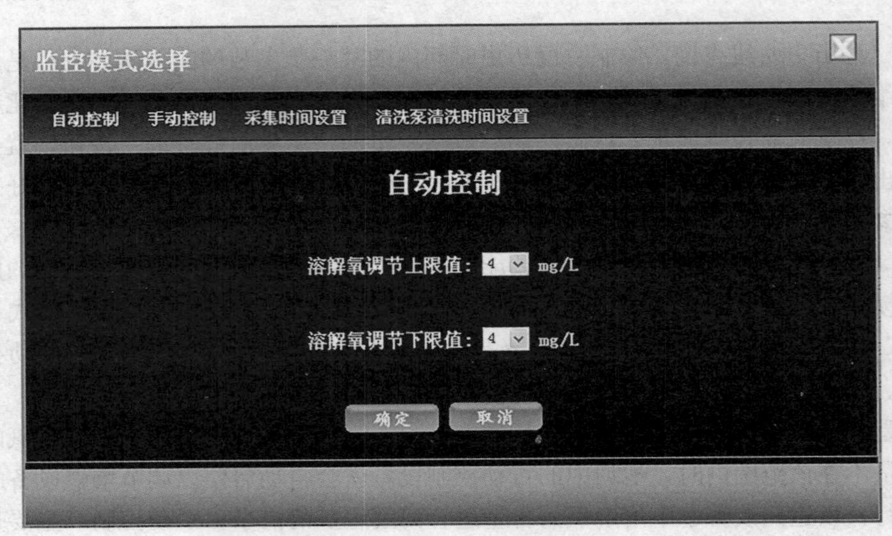

图 10-25　监控模式选择界面

⑥节点分布查询：以虚拟平面图形的形式，直观地展现河蟹养殖池塘水质中传感节点和控制节点的分布及实时数据和状态情况。在实时监控画面里，点击左侧导航菜单里的“节点分布查询”按钮，就会弹出节点分布查询界面，如图 10-26 所示。当把鼠标移动到传感节点时，就会显示出该节点的节点号和当前参数数据；当把鼠标移动到控制节点时，则会显示当前控制节点执行设备的运行状态。

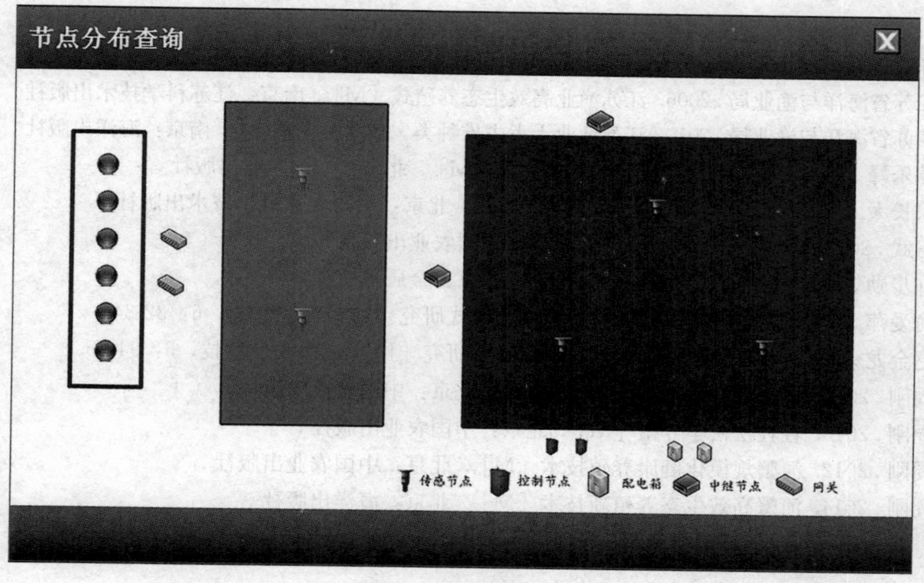

图 10-26 节点分布查询界面

江苏金坛长荡湖现代高效河蟹产业园作为省级园区，为河蟹的生态养殖发展做出了突出贡献。河蟹池塘智能化养殖物联网系统，于 2011 年开始用于江苏金坛长荡湖现代高效河蟹产业园的水产环境实时在线监测和控制，使得数据监控的精准率更高、用时更短、节能更高效，为科学指导河蟹养殖提供了依据。

参考文献

陈浩进，周加桁，等．2010. 河蟹池套养鳜鱼技术［J］．科学养鱼，7：81.

江苏省海洋与渔业局．2006. 江苏渔业高效生态养殖式［M］．南京：江苏科学技术出版社．

江苏省海洋与渔业局．2010. 江苏渔业十大主推种类・技术・模式[M]. 南京：海洋出版社．

林乐峰．2007. 河蟹生态养殖与标准化管理［M］．北京：中国农业出版社．

宋长太. 2008. 淡水珍品健康养殖技术［M］．北京：中国农业科学技术出版社．

王武．2010. 河蟹生态养殖［M］．北京：中国农业出版社．

许步劭．2006. 河蟹科学养殖技术［M］．北京：金盾出版社．

俞爱萍．2011. 池塘蟹虾混养套养鳜鱼养殖模式研究［J］．河北渔业，6：32-34.

赵金龙．2013. 河蟹和青虾池塘混养模式试验研究［J］．上海农业科技，6：94-95.

周刚．2010. 河蟹健康养殖百问百答［M］．北京：中国农业出版社．

周刚．2010. 轻轻松松学养蟹［M］．北京：中国农业出版社．

周刚．2012. 河蟹规模化健康养殖技术［M］．北京：中国农业出版社．

周刚．2014. 河蟹高效生态养殖新技术［M］．北京：海洋出版社．